# BLV TAUCHPRAXIS

### Dr. Victor Petriconi / Falk Wieland

# Süßwasser- und Meeresbiologie

Empfohlen von

VIT
Verband Internationaler Tauchschulen e.V.
Haag

SUSV/FSSS
Schweizer Unterwasser-
Sport-Verband
Fédération Suisse de
sports Subaquatiques
Federazione Svizzera
di Sport Subacquei
Bern

BARAKUDA
Essen

UDI
United Diving
Instructors
Nürnberg

1. ÖBV
Erster Österreichischer
Berufstauchlehrer-Verband
Graz

## BLV TAUCHPRAXIS

Dr. Victor Petriconi
Falk Wieland

# Süßwasser- und Meeresbiologie

Die Deutsche Bibliothek –
CIP-Einheitsaufnahme

**Petriconi, Victor:**
Süßwasser- und Meeresbiologie / Victor Petriconi ;
Falk Wieland. –
München ; Wien ; Zürich : BLV, 1999
  (BLV Tauchpraxis)
  ISBN 3-405-15702-1

BLV Verlagsgesellschaft mbH
München Wien Zürich
80797 München


BLV TAUCHPRAXIS

© BLV Verlagsgesellschaft mbH,
München 2000

Lektorat: Edith Ch. Kiel
Herstellung: Peter Rudolph
Umschlaggestaltung: Joko Sander Werbeagentur,
München
Umschlagfotos: Ocean Images/Robert Brylla (Vorder-
seite), Falk Wieland (Rückseite)
Computergrafik: Jörg Mair
DTP: Satz+Layout Fruth GmbH, München
Litho: Repro GmbH, Essenbach
Druck und Bindung: Parzeller GmbH & Co. KG, Fulda

Gedruckt auf chlorfrei gebleichtem Papier

Printed in Germany · ISBN 3-405-15702-1

**Die Autoren:**

*Dr. Victor Petriconi* ist promovierter Zoologe und
studierte an den Universitäten Frankfurt/M. und Kiel.
Er begann 1964 mit dem Gerätetauchen, 1976 legte
er die Forschungstaucherprüfung ab. Als Mitglied im
deutschen Aquanautenteam experimentierte er im
US-Unterwasserlabor »Hydro-Lab« unter Sättigungs-
bedingungen. Während zweier Jahrzehnte der
Forschungs- und Lehrtätigkeit an der Bochumer Uni-
versität hielt er meeresbiologische Kurse in ganz
Europa. Heute betreibt er an der portugiesischen
Algarve-Küste sein eigenes Forschungslabor.

*Falk Wieland* widmete sich nach dem Abitur einige
Jahre der Trinkwasseraufbereitung der Stadt Dresden,
danach wechselte er an das Institut für Hydrobiologie
der TU. Früh vom Tauchen fasziniert, wurde er bereits
mit 18 Jahren Tauchlehrer. Seit Anfang der 80er Jahre
fotografiert er die UW-Welt mit besonderem Interesse
für Süß- und Brackwasserbiotope sowie kalte Meere.
1999 legte er die Forschungstaucherprüfung ab. Seit
vielen Jahren vergleicht er die Ergebnisse von hydro-
biologischen und fischereilichen Probenahmen sowie
eigenen Nahrungsanalysen mit seinen Beobachtungen
in verschiedenen Gewässern und hat dadurch außer-
gewöhnliche Kenntnisse über Artvorkommen, das
Verhalten von Tieren und das Funktionieren von lim-
nischen Lebensräumen sammeln können.

## Bildverzeichnis

T. Heeger: S. 91
A. Koffka: S. 8, 10, 77 (u), 79, 90 (2), 99, 107 (o),
  109 (u), 119 (u), 141
T. Müller: S. 9, 55 (u), 71 (u)
G. Nowak: S. 12 (li), 15, 19 (li), 65 (u), 71 (ore), 72,
  77 (o), 81, 89 (re), 92, 93 (u), 97 (o), 98, 105 (o),
  106 (re), 121
Ocean Images/R. Brylla: S. 73 (m), 74 (m), 87, 89 (li),
  101, 112, 114, 116 (u), 119 (o), 128, 132
W. Persinger: S. 2/3, 58, 60, 61, 65 (o), 71 (oli),
  73 (o+u), 74 (u), 76, 82, 84 (2), 93 (o), 96, 97 (u),
  102, 104, 106 (o), 107 (u), 113, 116 (o), 117,
  122 (u), 123
S. Reul: S. 14, 20, 35, 40, 50
K.-U. Roos: S. 51 (o), 100, 103, 105 (u), 109 (o),
  122 (o)
H. Schuhmacher: S. 95, 126 (2)
M. Waldhauser: S. 83
F. Wieland: S. 12 (2re), 13, 17, 18 (2), 19 (re), 22, 23,
  24, 26, 30, 31, 32, 33, 36, 38, 39, 41, 43 (3), 44,
  45 (2), 46, 47, 48, 49, 51 (u), 52, 53, 55 (o+m), 56,
  57, 132

# Inhalt

## Süßwasserbiologie *von Falk Wieland*

# Meeresbiologie *von Dr. Victor Petriconi*

# Taucherisches Verhalten · Wissenswertes

# Vorwort

Es waren unterschiedliche Gründe, die den Menschen motiviert haben, in eine ihm fremde Welt einzutauchen: Neugier, Abenteuerlust, Forscherdrang und Hoffnung auf versunkene Schätze. Heute, da fast alle Stellen der Erde durch den Menschen erkundet sind, ist es nicht zuletzt die Suche nach einer »heilen Welt« und einer weitgehend »unberührten Natur«. Tatsächlich gibt es unter Wasser noch Lebensräume, die zumindest auf den ersten Blick ungestört erscheinen oder wo die Beeinträchtigung durch den Menschen von einer mächtigen Natur schnell getilgt werden.

Neben den tauchtechnischen Fähigkeiten, die der Sporttaucher von einem erfahrenen Tauchlehrer erlernen muss und die ihm die notwendige Sicherheit geben, sind für alle Naturbegeisterten, die in Binnengewässern oder an der Meeresküste Fauna und Flora nachspüren, aus mehreren Gründen auch biologische Vorkenntnisse notwendig, mindestens aber von Vorteil. Es ist eine immer wieder bestätigte Erfahrung: Man sieht nur, was man kennt, das heißt, vieles bleibt unbeachtet, manches wird übersehen, weil man noch nie davon gehört hat oder in der fremdartigen Unterwasserwelt mit ihren Schwämmen, Korallen und anderen festgewachsenen Tieren keinen Bezug zum Gewohnten findet.

Erst im Jahre 1901 erschien das »Handbuch der Seenkunde. Allgemeine Limnologie« des Schweizer Wissenschaftlers AUGUSTE FOREL. Dieses Werk gilt heute als Beginn der Lehre vom Naturhaushalt der Binnengewässer. Damit ist die detaillierte Erforschung der Flüsse und Seen eine viel jüngere Wissenschaft als etwa die Meeresbiologie. Dennoch ist das kompakte Wissen über Chemie, Physik, Botanik, Zoologie, Bakteriologie und Fischereibiologie der Binnengewässer heute für den Einzelnen beinahe unüberschaubar geworden.

Deshalb empfehlen wir Ihnen die wache, aufmerksame Einzelbeobachtung: die ganz individuelle Betrachtung einer Szene des Lebens unter Wasser, die nach einem angenehmen Tauchgang als bereichernde Erinnerung in Ihnen zurückbleibt. Nach Ihrem Besuch unter Wasser wissen Sie, wie die beobachteten Tiere und Pflanzen aussehen, in welcher ökologischen Nische und welchen Tiefen sie leben, wer was oder wen frisst und vieles andere mehr. Mosaikartig setzen Sie Ihre Beobachtungen zu einem Ganzen zusammen, erkennen die bevorzugten Lebensräume von Tieren oder die verschiedenen Wasserpflanzengesellschaften. Mit dem genauen Hinsehen und dem Einordnen Ihrer Einzelbeobachtung in das verbindende Element »Lebensraum Wasser« folgen Sie exakt den Spuren von Meistern der Naturbeobachtung wie etwa AUGUST THIENEMANN, G. WESENBERG-LUND oder HANS HASS.

Da gibt es festgewachsene Tiere, die wie Blüten aussehen und die man deshalb auch »Blumentiere« genannt hat, es gibt Fische, die sehr scheu sind, und wiederum andere, die neugierig oder gar aggressiv erscheinen. Man erlebt Fische des freien Wassers und beobachtet Bodenbewohner oder solche, die sich im Sand eingraben. Weshalb zieht sich ein Meeraal oder eine Muräne bei Gefahr in ihr Wohnloch zurück und warum schwimmt eine Brasse beim Näherkommen des Tauchers schnell davon? Wieso befindet sich ein Schleimfisch nach Tagen und Wochen immer noch an der gleichen Stelle, obwohl das Meer doch so groß ist? Seit der Einführung des Gerätetauchens konnten viele Fragen durch die Forschung geklärt werden, aber sehr viele biologische Zusammenhänge sind uns bis heute noch unbekannt.

Als der deutsche Zoologe ERNST HAECKEL im Jahre 1866 den Begriff »Ökologie« prägte und darunter als Teilgebiet der Biologie die Wissenschaft von den »Beziehungen der Lebewesen zur umgebenden Außenwelt« verstand, blieb diese Sicht des Ineinandergreifens von Abhängigkeiten fast hundert Jahre lang auf einen kleinen Kreis von Fachleuten beschränkt, und noch in den fünfziger Jahren des zwanzigsten Jahrhunderts war allein das Wort »ökologisch« außerhalb der Biologie unbekannt. Zwar hatte sich DARWINS Erkenntnis von der Verwandtschaft des Menschen mit tierischen Vorfahren einer breiten Allgemeinheit mitgeteilt, doch erst die vielfältige Gefährdung der Natur hat dem Menschen bewusst gemacht, dass dieser von HAECKEL noch als »Außenwelt« bezeichnete Raum folgerichtig auch *unser* Lebensraum ist, den wir mit anderen Lebewesen *gemeinsam* nutzen, dass in diesem Gefüge Wechselwirkungen vorherrschen, und dass deshalb das unbedachte Sich-die-Natur-untertan-Machen

Süßwasser kann
oft von bestechender
Klarheit sein
wie dieser Bergsee.

Das Tauchen im Meer fasziniert durch die Begegnung mit farbenprächtigen Unterwasserlebewesen.

verheerende Folgen haben muss. Die leider manchmal exzessive Nutzung der Seen als Freizeitgebiete, der Missbrauch der Flüsse zum Einleiten schädlicher Abwässer, die Überfischung der Hochsee und Küstengewässer und schließlich der unbegrenzte Reiseverkehr zu nahezu allen gemäßigten und tropischen Küsten, die Betätigungen im Wassersport – an denen das Tauchen seinen Anteil hat – können aufgrund der ökologischen Gesetzmäßigkeiten nicht ohne Auswirkung bleiben.

Vornehmlich aus zwei Gründen sollte sich ein Sporttaucher mit der belebten Natur unter Wasser beschäftigen: Zum einen muss er sich in dem aquatischen Lebensraum so bewegen, dass Pflanzen und Tiere keinen Schaden nehmen, und zum anderen muss er über diejenigen Lebewesen Bescheid wissen, die seine eigene Sicherheit gefährden können.

Ganz gleich, ob Sie in nahen Flüssen oder Seen tauchen, in kühlen Meeren oder tropischen Gewässern: Wir wünschen Ihnen viele erlebnisreiche Tauchgänge und Begegnungen mit den Tieren einer faszinierenden Welt der Stille.

*Dr. Victor Petriconi*
*Falk Wieland*

# Süßwasserbiologie

## von Falk Wieland

# Der Lebensraum Süßwasser

Süßwasserseen und -flüsse enthalten nur etwa 0,27 % des Wasservorrates der Erde. Von all diesen Binnengewässern sind höchstens 10 % klar genug für Unterwasserbeobachtungen. Diese Zahlen zeigen, dass transparente Süßwasserlebensräume äußerst seltene, geradezu exklusive Tauchplätze sind, wogegen riesige Korallenriffe und schöne Meeresküsten wie »Massenware« anmuten.

Der Lebensraum Süßwasser ist vom Lebensraum Meer grundlegend verschieden. Das hat nicht nur mit dem allseits bekannten salzigen Meerwasser bzw. dem scheinbar süßen oder eher faden Wasser der Binnengewässer zu tun, sondern mit einer Vielzahl von Faktoren. Ihre Süßwasserbeobachtungen werden Ihnen noch mehr Freude bereiten, wenn Sie über ein reiches Hintergrundwissen verfügen und den eben besuchten Lebensraum einordnen können. Sicher erzählen Sie Ihren Tauchpartnern und Freunden gern konkrete Taucherlebnisse. Damit Sie sich in den verschiedenen Süßwasserrevieren von Anfang an gut

auskennen, finden Sie im Folgenden die wichtigsten Fakten.

## Nahrungsnetz und Energiestrom im Süßwasser

Fressen und gefressen werden; wachsen, blühen und vergehen – das Nahrungsnetz im Wasser diktiert als wichtigster Zusammenhang zwischen den Organismen eine Vielzahl von Verhaltensweisen und Vorzugslebensräumen. Jede Ihrer Unterwasserbeobachtungen wird sich sinnvoll in diesen universellen Zusammenhang einfügen lassen.

In Süßwasserlebensräumen sind die Algen die wichtigsten Produzenten der für zahlreiche weitere Organismen so wichtigen pflanzlichen Biomasse. Höhere Pflanzen spielen nur anteilig in der Uferzone von Seen, in Weihern und Bergbächen eine Rolle.

Die größere Menge pflanzlicher Biomasse wird von winzigen Algen, dem **Phytoplankton,** hergestellt.

Die Produktion der Algen hängt direkt von Licht, Temperatur, Wasserbewegung und chemischen Faktoren wie dem Nährstoffangebot

◁ Ende April ist an unseren Gewässern dieses auffällige Schauspiel zu beobachten: die Hochzeit der Erdkröten.

an Kohlenstoff, Stickstoff und Phosphor ab. Darüber hinaus spielt der Fraßdruck des Zooplanktons sowie jener von Bakterien und Viren eine Rolle. Der größte Teil der Phytoplankton-Produktion findet in den obersten fünf Metern Wasser statt, aber Zooplankton kann auch täglich vertikal 40–60 m tief und zurück wandern.

Die **klassische Nahrungskette** des Pelagials oder Freiwassers geht davon aus, dass primär

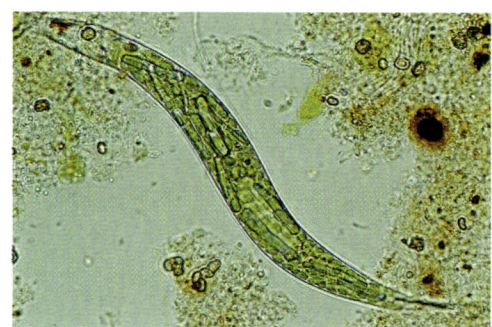

Eindrucksvolle Pflanzenwälder und, wie hier, Schilfgürtel machen das Tauchen im Süßwasser attraktiv.

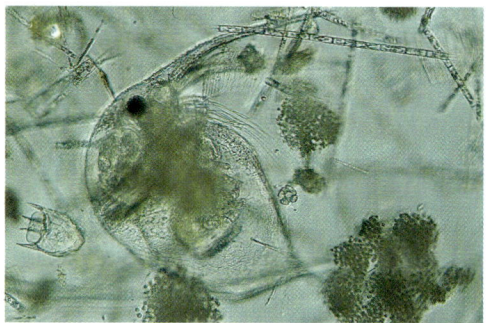

Planktische Arten wie der Augenflagellat (oben) oder Blattflußkrebse wie diese *Bosmina* (unten) stehen mit am Anfang der Nahrungskette im Süßwasser (Mikroskopaufnahmen).

produzierte pflanzliche Biomasse – meist Phytoplankton – zunächst von pflanzenfressenden Planktern (herbivores Zooplankton) gefressen wird. Das pflanzenfressende Plankton fällt seinerseits dem *karnivoren* Zooplankton – dem räuberisch lebenden Zooplankton – zum Opfer. Friedfische des Freiwassers fressen sowohl pflanzliches wie tierisches Plankton, selten auch höhere Wasserpflanzen. Die

Raubfische sind die Endkonsumenten in dieser Nahrungskette des Gewässers, sie fressen die Friedfische – aber im Jugendstadium auch große Mengen Zooplankton. Insgesamt ist es so, dass keine Organismengruppe der Nahrungskette absolut nur die Nahrungsart zu sich nimmt, die nach der Stellung in der Nahrungskette zutreffend wäre. Deshalb dient die Fresskette nur als einfachstes Modell für die Zusammenhänge im Lebensraum Wasser.

Zeitgleich mit dem Wachsen von Tieren und Pflanzen sterben natürlich auch Organismen ab und sinken zu Boden. Das tote organische Material wird überwiegend von Bakterien und Pilzen zersetzt. Nach der Mineralisation

Krebse vertilgen tote Tiere und wirken somit als Gesundheitspolizei unter Wasser.

schließt sich der Kreislauf und die Nährstoffe stehen erneut im Wasser gelöst zur Verfügung. Alle Organismen, die das tote organische Material zerlegen, werden zusammenfassend als **Destruenten** bezeichnet.

Entsprechend den Lebensräumen eines Sees gibt es neben der Konsumentenkette des Freiwassers oder Pelagials auch eine Nahrungskette, die für die Bodenzone der stehenden Gewässer und Fließgewässer typisch ist.

Die benthische Nahrungskette hat als Primärproduzenten Algen der Bodenzone und höhere Pflanzen aufzuweisen. Dieses Material wird von pflanzenfressenden Bodentieren wie Insektenlarven und Schnecken als Nahrung erschlossen, teils erst nach bakterieller Aufbereitung. Die pflanzenfressenden oder *herbivoren* Bodentiere werden von räuberischen oder *karnivoren* Bodentieren wie Insektenlarven, Turbellarien, Milben und Krebsen gefressen. *Benthisch* lebende Fische ernähren sich ihrerseits von Bodentieren und fallen beispielsweise Wels und Aal zum Opfer. Selbstverständlich sind dort, wo totes Material aus der pelagischen Nahrungskette sedimentiert oder ein pelagischer Raubfisch einen Bodenfisch fängt, beide Nahrungsketten zum

### Nahrungskette

Nährstoffe (Phosphat, Nitrat, Kohlenstoff) + Wasser + Sonnenlicht sind im See vorhanden.

↓

Phytoplankton (Grünalgen, Kieselalgen, Goldalgen und andere) sowie höhere Pflanzen (Laichkräuter, Tausendblätter, Wassermoose und andere) sind Primärproduzenten; sie produzieren aus anorganischen Nährstoffen und Sonnenlicht Biomasse.

↓

Die pflanzliche Biomasse, insbesondere das Phytoplankton, wird von herbivorem (= pflanzenfressendem) Zooplankton (Blattfußkrebse, Ruderfußkrebse) vertilgt.

↓

Karnivores (= räuberisch lebendes) Zooplankton (Raubwasserflöhe und Glaskrebschen) und wirbellose Kleintiere (Milben, Wasserwanzen u. ä.) fressen herbivores Zooplankton.

↓

Friedfische (Plötze, Ukelei, Blei, Rotfeder, Karpfen) fressen Phytoplankton, Zooplankton, Teile höherer Wasserpflanzen und Kleintiere des Grundes (Insektenlarven, Muscheln und Schnecken).

↓

Diese Friedfische dienen den Raubfischen (= piscivore Fische, Hecht, Zander, Wels, Barsch, Rutte, Aal) als Beute.

↓

Wassersäugetiere (z. B. Fischotter und Bisamratte) fressen Raub- und Friedfische.

↓

Von allen Abschnitten dieser Nahrungskette – vom Phytoplankton bis zum Säugetier – fällt totes Material zum Seeboden.

↓

Dieses tote Material wird von Destruenten/Reduzenten (= Pilze und Bakterien) wieder mineralisiert.

↓

In mineralisierter Form stehen die Nährstoffe aufs Neue zur Pflanzenproduktion zur Verfügung.

Nahrungsnetz miteinander verwoben. Es existieren gewisse Hauptwege des Energieflusses im Wasser, aber es ist nicht möglich, Wasserlebensräume strikt getrennt zu betrachten, die Übergänge sind naheliegenderweise fließend.

Die einzelnen Glieder der Fressketten werden in der Wissenschaft als trophische Ebenen bezeichnet. Jedes Glied einer Fresskette kann natürlich nur einen geringen Teil der in Form von Nahrung aufgenommenen Energie wirklich ausnutzen. Größenordnungsmäßig ist bekannt, dass von einer trophischen Ebene zur anderen nur etwa 10 % der inkorporierten Energie weitergegeben wird. Die daraus entstehenden Biomassen von Organismen können sehr unterschiedlich sein; aber ungefähr so könnte man es bildhaft darstellen:

Von etwa 1000 Kilogramm Phytoplankton-Nahrung (»Algenblüte«) werden etwa 100 Kilogramm Zooplankton-Kleinkrebschen (»Wasserflöhe«) satt und groß. Von diesen 100 Kilogramm Zooplankton-Nahrungsangebot können 10 Kilogramm Friedfische heranwachsen, die ihrerseits lediglich für 1 Kilogramm Raubfisch als Nahrungsmenge ausreichend sind. Vielleicht haben Sie erst kürzlich beim Tauchen einen Hecht von etwa 80 Zentimeter Länge gesehen. Ein solcher Hecht kann etwa 4 Kilogramm wiegen. Sie können gern überschlagen, welche Nahrungspyramide hinter diesem Prachttier stehen muss und haben dann eine annähernde Vorstellung vom Energiefluss in einem Binnensee.

## Der Stoffkreislauf im See

Algen und Wasserpflanzen produzieren aus anorganischen Nährstoffen, Kohlendioxid und Sonnenlicht Biomasse. Die Arbeit der Pflanzen als Primärproduzenten ist die Grundlage allen Lebens, alle nachfolgenden Organismen konsumieren überwiegend.

Immer ein besonderes Ereignis für den Taucher: die Begegnung mit einem großen Hecht.

# Die Lebensräume
# der fließenden Welle

Fließgewässer haben im Vergleich zu Seen eine besonders ausgeprägte Uferentwicklung. Die Verweilzeit des Wassers ist sehr kurz und durch die ständige Turbulenz beim Abfluss sind Fließgewässer meist sauerstoffreicher als vergleichbare Standgewässer.

Die Besiedelung mit höheren Wasserpflanzen oder Makrophyten ist stark von der Strömungsgeschwindigkeit sowie der Korngröße der Flusssedimente abhängig. Unter den Tieren im Fließgewässer nehmen die benthisch lebenden, d. h. die an den Untergrund gebundenen Organismen sowie die Fische die wichtigsten Plätze im Biotop ein. Aufgrund

Klares Wasser in einer Märchenlandschaft – hier beim Tauchen in einer Schleimalgenquelle.

der permanenten gerichteten Strömung ist eine Nährstoffanreicherung wie in Binnenseen nicht möglich. Mit sinkender Höhe über NN eines abfließenden Gewässers fällt auch die Strömungsgeschwindigkeit. Gleichzeitig steigt die Durchschnittstemperatur des Gewässers steil an und es bilden sich charakteristische Lebensräume heraus, die im Folgenden betrachtet werden sollen.

## Gletscherbäche und Quellen

Unmittelbar unterhalb von Gletschern fließt das Schmelzwasser als milchiger Gletscherbach ab. Diese Bäche eignen sich kaum zum Tauchen.

Quellen sind Orte, an denen Grund- oder Hangwasser aus dem Untergrund an die Oberfläche quillt. Das Wasser wird meist durch Aufstau an wasserundurchlässigen Schichten zum Austritt gezwungen. Obwohl man sich Quellen als den Anfang alles fließenden Wassers vorstellt, sind sie es nur scheinbar. Quellen bringen das Wasser zum wiederholten Male zutage, welches weiter oben im Gebirge herunterregnete oder auch nach dem Abschmelzen eines Gletschers versickerte. Quellen weisen ganzjährig konstante Wassertemperaturen auf, bleiben eisfrei und das Quellwasser ist relativ nährstoff- und sauerstoffarm. Quellen werden nach der Art des Wasseraustrittes aus der Erde unterschieden und bieten sehr spezielle Biotope:

- **Sturzquellen** *(Rheokrenen)* und **Sickerquellen** *(Helokrenen)* eignen sich nicht zum Tauchen.
- **Tümpelquellen** *(Limnokrenen)* sind die erste Gewässerart auf dem Weg des Wassers, die tatsächlich ein attraktives Tauchgewässer sein kann. Tümpelquellen speisen

ein Quellbecken von unten her, bis dieses Becken überläuft und den Quellbach bildet. Angefangen vom winzigen Quelltümpel, der nur wenige Dezimeter tief ist, bis zur über 100 m tiefen Karsthöhlenquelle gibt es alle Varianten von *Limnokrenen.* Bei größeren, bereits betauchbaren Dimensionen derartiger Tümpelquellen werden diese auch als Quelltöpfe bezeichnet.

Tümpelquellen sind zwar einerseits der Beginn eines Fließgewässers, weisen aber andererseits einen geschützten Stillwasserbereich wie ein kleiner See oder Weiher auf. Deshalb haben sie die reichste Flora und Fauna aller Quellen. Das Tauchen und Schnorcheln in Quelltöpfen gehört zu den wunderbarsten Erlebnissen, die Süßwasserreviere zu bieten haben. Oft entdeckt der Taucher in größeren Quelltöpfen dichte Bestände von Quellmoos, Hahnenfußarten, Wasserstern, der Armleuchteralge *Chara hispida*, von Wasserehrenpreis oder auch Randbesiedler wie Brunnenkresse, Schachtelhalme, Fadenbinse und Bitteres Schaumkraut. Im kristallklaren, völlig trübstofffreien Wasser eines Quelltopfes stehen grüne Pflanzen – ganz ohne den in Seen üblichen partiellen Algenbewuchs – wie der Inbegriff für Reinheit und Unberührtheit im Wasser. Man kann sich einer gewissen erhabenen Stimmung über wie unter Wasser an größeren Quellen nicht entziehen, die verstehen lässt, weshalb Quellen für unsere Vorfahren heilige Orte waren, an denen Opfer dargebracht wurden. Neben mehreren Zuckmückenarten, Ruderfußkrebsen, Hüpferlingen und diversen Köcherfliegenlarven entdeckt man in Quelltöpfen viele Wasserschneckenarten, Kamm- und Fadenmolche sowie Feuersalamanderlarven mit ihren typischen Kiemenbüscheln.

## Hochgebirgsbach und Mittelgebirgsbach

Hochgebirgsbäche sind zwar klar, eignen sich aber mit einer Fließgeschwindigkeit von über 1,5 m pro Sekunde kaum zum Tauchen. Mittelgebirgsbäche fließen in etwas tiefer gelegenen, bewachsenen Regionen mit Fließgeschwindigkeiten größer als 0,5 m pro Sekunde dahin. Die daraus resultierende Kraft des Wassers kann hier nur noch bei Hochwasser größere Steine bewegen. Daher haben Mittelgebirgsbäche meist ein steiniges Bachbett mit kiesigen Abschnitten und kleinen Feinsedimentablagerungen in Stillwasserbereichen. Mittelgebirgsbäche werden auch im Sommer kaum wärmer als 10 °C.

Die in Hochgebirgsbächen vorhandenen Algenüberzüge an Steinen setzen sich hier in wesentlich üppigerem Maße fort, insbesondere die Rotalgen *Hildenbrandia* und *Batrochospermum.* Diverse Grünalgen wie *Oedogonium*, *Uhlothrix* und *Cladophora* bilden lange Fäden aus. Bedingt durch Nährstoffeintrag aus dem Einzugsgebiet des Baches und teilweisen Sedimentgrund können im Mittelgebirgsbach bereits höhere Pflanzen existieren. Meist handelt es sich um Quellmoos, Wasserstern und Hahnenfußarten, die mit langen peitschenförmigen Trieben in der Strömung schwingen und ihrerseits Lebensraum für zahlreiche kleine Tiere sind. In jedem Detail sind die Anpassungen an das jeweilige Milieu erstaunlich. Beispielsweise haben Quellmoostriebe, die den heftigen Bachströmungen ausgesetzt sind, beinahe die doppelte Reißfestigkeit wie Quellmoos in Seen.

### Forellenregion

Mit dem Mittelgebirgsbach setzt die Einteilung der Fließgewässer in Fischregionen ein.

Dieser Bachtyp wird nach seinem Leitfisch Bachforelle als Forellenregion bezeichnet. Vielerorts scheinen sich Bachforelle und Westgroppe in gewisser Weise gegenseitig im Gleichgewicht zu halten, denn die räuberische Bachforelle macht unter anderem Jagd auf Westgroppen. Die Groppe – in manchen Gegenden auch unter dem Namen »Mühlkoppe« bekannt – hält sich im Gegenzug am Laich der Bachforellen schadlos.

Bachforellen sind die typischen Fischarten gesunder Bergbäche.

Westgroppen haben die typische Tropfenform von Fischen, die sich im strömenden Wasser halten müssen, ohne gute Schwimmer zu sein. Sie besitzen als Ausnahme unter den Knochenfischen keine Schwimmblase.

Bachforellen sind überaus scheu und schnell. Man kann sie bei Tag nur zufällig aus der Nähe sehen. Um eine Forelle auf den Film zu bekommen, empfiehlt es sich, bei Tageslicht eine tiefe Stelle im Bach zu erkunden. In einem solchen Gumpen oder Kolk, wo es durchaus 2–3 m tief sein kann und zum Tauchen ein Pressluftgerät angemessen ist, kann man sich nachts bis auf geringste Distanzen an Bachforellen heranarbeiten. Bei Nachteinstiegen ist es auch gut möglich, weitere Bachbewohner wie Elritzen, Schmerlen, Steinbeißer, Gründlinge und Döbel aus nächster Nähe zu betrachten.

Bachflohkrebse zählen zu den wenigen Fischnährtieren im Bachoberlauf.

Wenngleich die Algen, die höheren Wasserpflanzen und die Fische für Taucher die auffallendsten Elemente der Flora und Fauna von Bergbächen sind, ist das Biotop wesentlich artenreicher als auf den ersten Blick vermutet. Man findet in Bächen eine riesige Artenzahl von Strudelwürmern, Eintags-, Stein- und Köcherfliegenlarven, Libellenlarven, Wasserkäfern, Flohkrebsen und vielen weiteren Organismen. Experten sprechen von bis zu 50 000 Organismen je Quadratmeter eines gesunden Bachbettes.

Ein großer Teil der kleinen Wassertiere ist jedoch nicht zu sehen, er lebt im **Hyporheischen Interstitial.** Das Fachwort bezeichnet die »Unterwelt« von Fließgewässern, das Totwasser zwischen den groben Geröllen des Baches. Zahlreiche Bewohner der Hyporheischen Interstitials verlassen die winzigen Höhlen und Gänge nur nachts, um »draußen« im Bach Algenrasen abzuweiden.

Im Unterlauf von Mittelgebirgsbächen werden häufig bereits mittlere Temperaturen von etwa 15 °C im Sommer erreicht. Durch diese höhere Durchschnittstemperatur verringert sich der Sauerstoffgehalt des Bachwassers geringfügig und der Bach bietet dann die Vorzugslebensbedingungen der Äschen.

## Äschenregion

Die Äsche ist der Leitfisch der sog. Äschenregion – einem Fließgewässerabschnitt, in dem als Begleitfische weiterhin die Bachforelle, aber auch Huchen, Nase, Hasel, Aland, Quappe und mancherorts der Lachs vorkommen können. In der Strömung gedeihen häufig riesige Gesellschaften des Flutenden Hahnenfußes, man entdeckt Fieberquellmoos und mitunter säumt schon Bachröhricht das Fließgewässer.

Obwohl die Äschenregion oft den Charakter eines Baches aufweist, wird hier die Abgrenzung zum Begriff »Fluss« bereits schwierig. Einige Autoren betrachten Fließgewässer ab 10 m Breite als kleinen Fluss, so dass es reine Ansichtssache ist, von Gebirgsbächen oder Gebirgsflüssen zu sprechen.

## Tieflandbach und Tieflandfluss

### Barbenregion

In ihrem Mittellauf erreichen Fließgewässer im Tiefland die Barbenregion. Es handelt sich dabei um einen Fließgewässerabschnitt, der – unscharf abgegrenzt von der Äschenregion –

Welse oder Waller schätzen relativ warme, langsam dahinströmende Flussabschnitte.

Nachtaktiver Fisch: der Spitzkopfaal.

häufig im Sommer über 15 °C warm wird. In dieser Region weisen Bäche und Flüsse des Tieflandes kiesige bis sandige Bodensedimente auf, an dem Gleitufer mäandrierender Tieflandgewässer entstehen die ersten größeren Feinsedimentablagerungen. Die Barbenregion ist noch relativ sauerstoffreich, jedoch mit in Gewässerbodennähe deutlich geringerem Sauerstoffgehalt. Fließgewässer der Ebene mäandrieren, wenn nicht wasserbaulich eingegriffen wird.
Neben dem Leitfisch Barbe sind in der Barbenregion von Tieflandflüssen überwiegend Rotfeder, Nase, Hasel, Aland, Wels und Flussaal zu beobachten. Vor allem im Donau-Flusssystem findet man den aus Nordamerika eingeführten Sonnenbarsch weit verbreitet.
In der Barbenregion der Flüsse sind gelegentlich auch die sog. Wanderfische zu sehen, die vom Meer aus weite Wanderungen ins Binnenland unternehmen. Während Lachs und Flussneunauge flussaufwärts zu ihren Laichplätzen wandern, kann man nicht genau sagen, wozu zum Beispiel Flundern hunderte von Kilometern ins Binnenland aufsteigen:
- **Anadrome Wanderfische** wandern zum Laichen ins Süßwasser wie der Lachs und das Flussneunauge.

- **Katadrome Wanderfische** wandern zum Laichen ins Meer, wie zum Beispiel der Aal.

Am Flussboden der Tieflandflüsse leben häufig Weichtiere wie Spitzhornschnecke, Flussschwimmschnecke, Wandermuschel, Malermuschel und Gemeine Flussmuschel. Zahlreiche Bodenbewohner wie Borstenwürmer (z. B. *Tubifex*), Fadenwürmer, Zuckmückenlarven *(Chironomidae)* wälzen mit ihrer Tätigkeit das Flusssediment um und versorgen es mit Sauerstoff. Während die Tätigkeit dieser Organismen schon weitgehend im Verborgenen geschieht, kann man beim Tauchen durchaus einmal raffinierte Fangeinrichtungen wie die Netze der Köcherfliegenlarven *Neureclipsis* oder *Hydropsyche* zu sehen bekommen. Diese Netze können 8–15 Zentimeter lang sein.

Am Rande der Flüsse beobachtet man häufig die Fangnetze der Köcherfliegenlarve *(Neureclipsis bimaculata)*.

Je nach Durchlichtung des Wasserkörpers und Strömung können in der Barbenregion Wasserpflanzengesellschaften mit Laichkrautarten, Hornblattarten, Tausendblattarten, Wasserpest, Wasserhahnenfuß und Großer Mummel auftreten. Viele Flüsse weisen auch Glanzgrasröhricht auf.

## Bleiregion

Nahezu unmerklich geht der Tieflandfluss von der Barbenregion in die Bleiregion über. Hier sind in nur wenigen Wochen des Jahres Unterwasserbeobachtungen möglich.

Neben dem Blei als Leitfisch dieser Region und seinen Begleitern Karpfen, Schlei, Aland, Güster, Karausche, Wels, Zander und Aal findet man nahezu das gesamte Artenspektrum der Süßwasserfische im Tieflandfluss – lediglich die stark sauerstoffbedürftigen Arten der Bergbäche fehlen.

Neben dem Kaulbarsch bewohnt die platte Flunder (oben) die Flussmündungen. Deshalb heißen die Ästuare auch Kaulbarsch-Flunder-Region.

# Flussmündung und Brackwassermeer

## Kaulbarsch- und Flunderregion

Wo ein Fluss ins Meer mündet, mischen sich das salzarme Süßwasser und das salzige Meerwasser zu Brackwasser. Brackwasser heißen alle die Gemische, die mehr als 5 Promille Salzgehalt, aber noch nicht die ozeanischen 35–37 Promille Salzgehalt erreichen. Diese spezifische Gewässerregion – das **Ästuar** – wird nach ihren Leitfischen Kaulbarsch und Flunder benannt.

Typische Brackwassergebiete sind die Haffs, Bodden und Strandseen der Meeresküsten. In diesem Gebiet findet der interessierte Taucher ein Gemisch aus Süß- und Salzwasserarten vor. Die Brackwassergebiete der Ostsee haben oft eine Salinität von 3–11 Promille.

Die im Brackwasser spärlichen Seegrasbiotope sind häufig von verschiedenen Grundelarten, von Seenadeln, aber auch von Plötzen, Hechten, Barschen und Zandern besiedelt. Blei, Aal und Stichling existieren neben Meeresformen wie Flunder, Hornhecht, Dorsch, Hering, Seehase und Knurrhahn. Einige Seefischarten wie Heringe und Hornhechte

suchen im Frühling Brackwasserregionen zum Laichen auf. Brackwassergebiete sind überaus interessante Tauchplätze und Studienobjekte. Ein Teil der küstennahen Brackwassergebiete ist leider nur zeitweise transparent, was direkt damit zusammenhängt, dass sie sehr nährstoffreich sind und im Hinblick auf ihre Fischproduktion wohl zu den ertragreichsten natürlichen Gewässern überhaupt gehören.

## Der Weg des Wassers im Binnenland

Der Weg des Wassers führt von Quellen und Gletschern im Gebirge über Hochgebirgsbäche, Mittelgebirgsbäche, Tieflandflüsse und Flussmündungen zum Meer. Unterwegs werden Binnenseen direkt durchflossen oder über Grundwasser führende Bodenschichten gefüllt bzw. auf Stand gehalten. In den Höhenlagen bewohnen Kaltwasser bevorzugende, sehr sauerstoffbedürftige (*kaltstenotherme*) Tierarten die Gewässer. Im Tiefland leben wärmebedüftigere Arten, die auch geringere Sauerstoffkonzentrationen im Wasser tolerieren.

# Die Lebensräume der Stillgewässer

Stillgewässer wie Seen und Weiher existieren im Binnenland in tausendundein Variationen. Die Naturaustattung der Seen und Weiher wird in hohem Maße von Höhenlage und daraus resultierender mittlerer Wassertemperatur, von Form und Tiefe des Wasserbeckens, von der Beschaffenheit der Ufer, von vorherrschenden Windrichtungen und -stärken und natürlich ganz besonders vom Nährstoffgehalt des Seewassers und des Einzugsgebietes bestimmt. Durch zahllose chemische, physikalische und meteorologische Randbedingungen entwickelt sich immer wieder ein ganz spezielles Gewässer. D. h., jeder See ist ein Individuum, das sich so wie ein Mensch oder ein Musikstück einer perfekten Einordnung in eine »Schublade« weitgehend entzieht.

Trotz dieser Tatsache sind natürlich gewisse Oberbegriffe im Sinne von »Seentypen« notwendig, um Stillgewässer charakterisieren zu können: Je nach Interessenlage und Wissenschaftszweig werden Seen anhand ihres Nährstoffgehaltes, anhand der wichtigsten vorkommenden Speisefische, der Form und Tiefe des Seebeckens oder nach ihrer geologischen Entstehung (z. B. eiszeitlicher Zungenbeckensee) näher beschrieben.

## Seentypen, Weiher und Teiche

### Seen

Kühle Definitionen beschreiben Seen als großflächige natürlich entstandene Wasserkörper mit mehr als 2 m Tiefe. Im Unterschied zu Weihern gibt es in Seen eine lichtarme Tiefenzone, in der aufgrund von Lichtmangel, Kälte und hydrostatischem Druck keine höheren Wasserpflanzen wachsen können. Diese unwirtliche Tiefenzone ist auch nur von wenigen Tierarten besiedelt. Je nach Form des Seebeckens besteht ein mehr oder weniger breiter Pflanzengürtel am, im und unter Wasser. In jedem Fall haben Seen eine große offene Wasserfläche. Limnologen – Kenner und Erforscher stehender Gewässer – unterscheiden außerdem streng geschichtete Seen von durchflossenen Seen und haben auch spezielle Kategorien für Sekundärgewässer wie Talsperren, ehemalige Braunkohlengruben oder Steinbruchseen.

Der jeweilige Nährstoffgehalt gestattet die Unterscheidung von fünf Haupttypen stehender Gewässer:

### Oligotrophe Seen

Diese Seen sind sehr nährstoffarm, weshalb hier nur wenige im Wasser schwebende Algen – das Phytoplankton – wachsen können, und führen blassblaues bis zartgrünes Wasser. Sie haben oft steile Ufer, verwöhnen den Taucher mit erheblichen Horizontalsichtweiten und Wissenschaftler können Phosphat und Stickstoff nur in Spuren nachweisen. Bekannte Seen dieses Typs sind der märkische Stechlin, der Mecklenburger Wummsee oder auch der Grundlsee im österreichischen Salzkammergut.

Oligotrophe oder nährstoffarme Seen erkennt man am blassblauen Wasser und an nahezu unveralgten Wasserpflanzen.

### Mesotrophe Seen

Sie haben einen mittleren Nährstoffgehalt. Der Entwicklungsstand dieser Seen befindet sich zwischen vorstehend beschriebenen oligotrophen Seen und den nachfolgend erwähnten eutrophen Seen. Mesotroph bezeichnet einen im Grunde instabilen, besonders kurzfristig anhaltenden, aber umso interessanteren Zustand von Seen. Mesotrophe Klarwasserseen gehören mit zu dem Schönsten, was ein Taucher neben dem Betauchen von Quelltöpfen im Süßwasser zu sehen bekommen kann. Die Pflanzenwelt ist aufgrund der Verlandungsneigung mesotropher Seen überaus artenreich, im Pflanzengürtel leben dann auch beachtlich viele Wassertierarten. Obwohl die Durchsichtigkeit des Wassers im Vergleich zu oligotrophen Seen etwas abgenommen hat, sind Seen dieser Art immer noch klar genug für erlebnisreiche Naturbeobachtungen und die Ausübung der Unterwasserfotografie. Ein See dieses bemerkenswerten Stadiums ist der märkische Wittwesee.

### Eutrophe Seen

So bezeichnet man relativ nährstoffreiche Seen. Seen dieser Art führen oft blaugrün gefärbtes Wasser zur Zeit der sommerlichen »Algenblüte«, in den übrigen Jahreszeiten wirkt die Wasserfarbe etwa gelbbraun. Auch eutrophe Seen können Ziel erlebnisreicher Tauchexkursionen sein. Man muss jedoch einplanen, dass insbesondere im Sommer nur noch 0,7–2,0 Meter Horizontalsicht gegeben sind. Infolge der mangelhaften Sicht werden Fische erst spät bemerkt und im Allgemeinen wird deren Fluchtdistanz bei Tageslicht unterschritten. Daraus ergibt sich zwingend, dass man in eutrophen Seen Nachttauchgänge anstreben sollte. Der anfängliche Ärger über die geringe Horizontalsichtweite weicht bald der Erkenntnis, dass in natürlicherweise eutrophen Seen viel mehr Fischarten und eine viel höhere Fischdichte je Flächeneinheit Grund gegeben sind als in nährstoffarmen Seen. Eutroph bedeutet nicht zwangsläufig völlig trübe, zahlreiche eutrophe Klarwasserseen bieten auch im Sommer noch 3–5 Meter Horizontalsicht.

Leider ist der Begriff *eutroph* ein wenig zu Unrecht mit Negativimage belastet, denn jeder See macht im Laufe von zehntausenden von Jahren die Entwicklung von nährstoffarm und klar über mesotroph bis hin zu eutroph und undurchsichtig durch. Irgendwann ist jeder See ein flacher Weiher und wird über diverse Bruchwald- und Moorentwicklungsstadien Festland. Können Sie sich beispielsweise vorstellen, dass nach wissenschaftlichen Berechnungen der Bodensee in etwa 12 000 Jahren verschwunden sein wird, zugefüllt von der Sedimentfracht des Alpenrheins?

## Dystrophe Seen

Diese Seen sind huminstoffreich und nährstoffarm; der starke Huminsäuregehalt in der Nähe von Mooren färbt diese Gewässer deutlich gelb bis dunkelbraun. Moorseen dieser Art haben, von außen mit dem einfallenden Licht betrachtet, eine geringe Sichttiefe, das gelb bis braun gefärbte Wasser wirkt wie ein Farbfilter in der Fotografie. Beim Tauchen stellt man jedoch des öfteren fest, dass das

Dystrophe Moorseen sind an den Rändern von Torfmoosbulten gesäumt, während in der Tiefe gar keine Pflanzen mehr wachsen.

Wasser zwar diese charakteristische Farbe hat, aber dennoch sehr klar ist. Vor allem im Winter sind beeindruckende 6–8 m Horizontalsicht unter Schwingrasendecken möglich. Meist haben die gelblichen nährstoffarmen Moorseen viel weniger suspendierte Partikel,

Profil eines dystrophen Moor- oder Schwingrasensees.

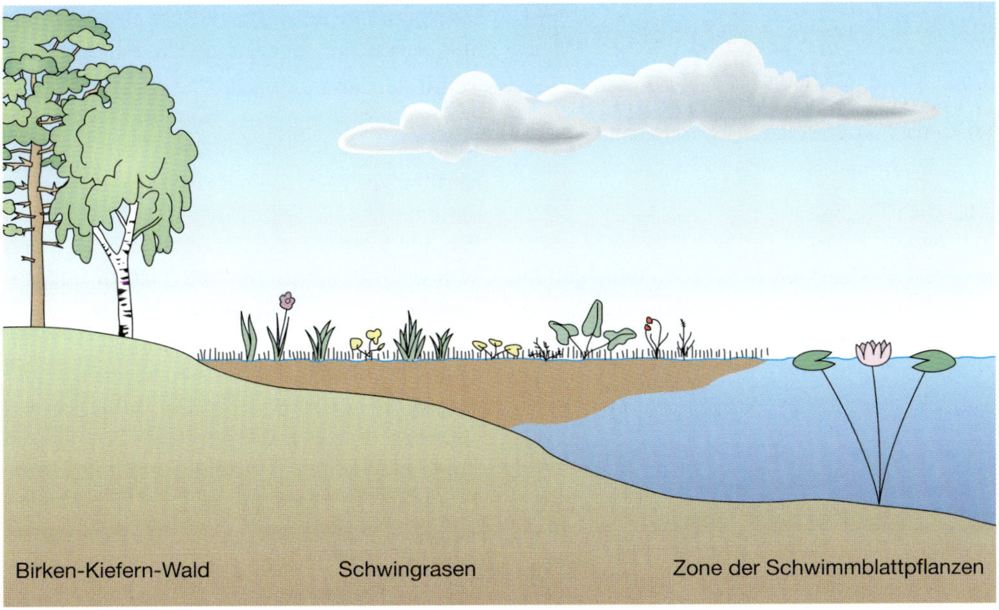

Birken-Kiefern-Wald          Schwingrasen          Zone der Schwimmblattpflanzen

d. h. verschiedene Schwebstoffe, im Wasserkörper als mesotrophe und eutrophe Seen. Es ist ein Naturerlebnis der ganz besonderen Art, unter dem Schwingrasen von Moorseen dahinzuschweben und im Gegenlicht an der Schwingrasenkante eine spezielle Vegetation, dominiert vom Torfmoos, sowie eine hoch angepasste artenarme Tierwelt studieren zu können. Aufgrund des huminsauren Wassers mangelt es an Fischen, dafür leben hier zahlreiche bizarre Wasserinsekten.

### Polytrophe Seen

Diese als fünfter und letzter Haupttyp stehenden Gewässer sind extrem nährstoffübersättigt. Dort geschieht eine extreme Veränderung der Lebensgemeinschaft im Wasser, wobei dann toxische Algen, Bakterien und Pilze dominieren. Geruch und Sichttiefe machen deutlich, dass solche Seen unbetauchbar sind.

### Seen, Weiher und Nährstoffgehalt

- Seen sind über 2 m tief und haben eine lichtarme Tiefenzone.
- Weiher sind höchstens 2 m tief, überall kann das Licht den völlig mit Pflanzen bedeckten Grund des Weihers erreichen.
- Teiche sind wie Weiher, nur dass hier der Mensch den Wasserstand regulieren kann.
- Nährstoffarme (oligotrophe) Seen sind klar und haben Pflanzenzonen sowie Characeenwiesen bis in große Tiefen.
- Nährstoffreiche (eutrophe) Seen sind weniger klar, häufig können die Pflanzen maximal 2–5 m tief wachsen oder es gibt wegen des Lichtmangels durch dichtes Phytoplankton (Wasserblüte) gar keine submersen höheren Pflanzen.

## Lebensräume im See

Die Seen sind als besiedelte Lebensräume in das Freiwasser oder **Pelagial** und die Bodenzone oder **Benthal** gegliedert. Die Bewohner

In der Nähe der Kompensationsebene wird der Wasserpflanzenwuchs spärlicher.

der Freiwasserzone halten sich passiv mit Strömungen bewegt, schwebend oder aktiv schwimmend im Wasserkörper des Sees auf und haben nur eine geringe Beziehung zum Seegrund. Die Bewohner der Bodenzone leben auf dem oder im Sediment beziehungsweise an Pflanzen und Algen. Hier existieren festsitzende oder sessile Tiere sowie auch umherlaufende oder schwimmende Formen. Die Bodenzone von Seen unterteilt sich noch einmal in die Uferzone oder **Litoral** und die Tiefenzone oder **Profundal.** Die Abgrenzung zwischen diesen beiden Zonen liegt – ohne dass eine völlig scharfe Grenzziehung möglich wäre – in jener Tiefe, bis zu der höhere Pflanzen sowie Photosynthese betreibende Algen gerade noch wachsen können. Diese Tiefengrenze ist dort erreicht, wo nur noch etwa 2 % des Tageslichts den Seeboden erreichen. In der Tiefenzone oder Profundal ist die Artenvielfalt wesentlich geringer und man findet eine relativ geringe Anzahl speziell angepasster Bewohner.

Die kritische Tiefe, ab der teils wegen Lichtmangel, aber auch wegen des zunehmenden Drucks und der Kälte höhere Pflanzen nicht mehr wachsen können, nennt man **Kompensationsebene**. Sie teilt auch das Freiwasser sinngemäß in eine obere durchlichtete Zone, in der dem Phytoplankton die Photosynthese möglich ist, und ein unteres Pelagial mit Lichtmangel.

Für Süßwassertaucher sind in der Regel die oberen 10–15 m Wassertiefe am interessantesten. Hier herrscht in der Uferzone die größte Vielfalt tierischen Lebens und meist erwärmt sich die Oberflächenlamelle des Sees – das Epilimnion – im Laufe des Sommers so weit, dass das Litoral und der obere Teil des Pelagials im relativ warmen Wasser liegen.

Das Tieftauchen in das kalte, von Lichtmangel und oft auch Sauerstoffmangel sowie Artenarmut geprägte *Hypolimnion* ist zum Zweck von Naturbeobachtungen im Süßwasser nur ausnahmsweise lohnend. Ganz im Gegenteil können zahlreiche Lebensaktivitäten eines Süßwassersees sehr gut im Flachwasser vor dem Pflanzengürtel schnorchelnd betrachtet werden, weil bei diesem Vorgehen der viele Tiere verscheuchende oder beunruhigende Lärm des Presslufttauchgerätes entfällt. Beim Tauchen mit Gerät in der Nähe von Fischen empfiehlt sich eine tiefe, gleichmäßige und langsame Atmung, vor allem die Ausatemluft sollte langsam, ruhig und verteilt perlend an die Oberfläche aufsteigen. Hastig und aufgeregt ausgestoßene Luftschwalle vertreiben viele Tierarten, bevor eine nähere Ansicht möglich ist.

Gliederung eines Binnensees in durchlichtete und lichtarme Zonen.

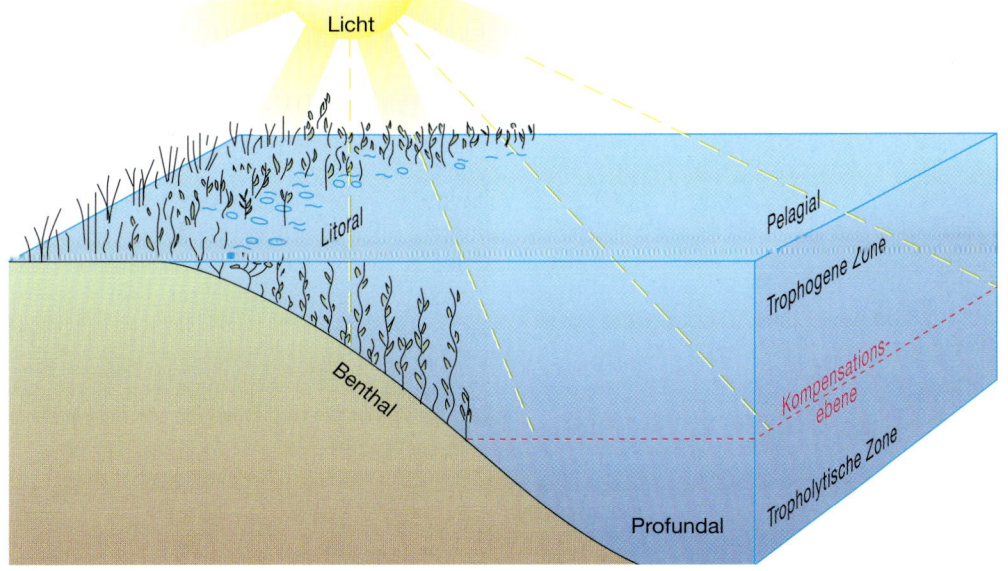

## Gliederung von Seen

- Binnenseen gliedern sich in **Uferzone** *(Litoral)*, **Freiwasserzone** *(Pelagial)* und **Bodenzone** *(Benthal)*.
- Die jeweilige für Pflanzen nutzbare Lichteindringtiefe heißt **Kompensationsebene** und teilt *Litoral* und *Pelagial* nochmals in einen oberen durchlichteten Bereich *(trophogene* Zone) und einen unteren, lichtarmen Bereich *(tropholytische* Zone).
- In der trophogenen Zone sind die meisten Pflanzen und Tiere zu beobachten.

# Wärmehaushalt im See

Unsere Binnenseen der gemäßigten Klimazone sind kalten Wintern und warmen Sommern ausgesetzt. Dies führt gemeinsam mit der Anomalie des Wassers zu verschiedenen Zuständen in Binnenseen, die auf die Lebensaktivitäten und Sichtweiten im See starken Einfluss haben:

- Wasser hat bei 3,98 °C seine größte Dichte, d. h., sowohl kühlere als auch wärmere Wasserschichten sind leichter und haben Auftrieb.
- Die Dichteveränderung nimmt mit steigender Temperatur stark zu, z. B. ist die Dichtedifferenz zwischen 24 und 25 °C 26-mal so groß wie zwischen 4 und 5 °C. Auf dieser Tatsache beruht die relative Stabilität der sommerlichen Schichtung von Seen.

## Frühling

Nach der Schneeschmelze ist das Seewasser irgendwann auf 4 °C erwärmt. In allen Schichten des Sees herrscht eine gleichmäßige Dichte. Nunmehr ist es dem Wind möglich, das Wasser bis zum Grund umzuwälzen.

Wind kann Oberflächenwasser mit 4,3 % der eigenen Geschwindigkeit mitziehen und am Seeufer als Wasserwalze nach unten verfrachten. Es sind etwa 50 km/h Windgeschwindigkeit nötig, um tiefere Seen völlig umzuwälzen. Diese Frühjahrszirkulation sorgt im See für zahlreiche verteilte Schwebeteilchen und relativ schlechte Sicht. Das Ereignis ist für den See außerordentlich wichtig, denn es wird Sauerstoff ins Tiefenwasser eingetragen.

## Sommer

Im späten Frühling bildet sich eine Schicht erwärmten Oberflächenwassers auf dem See aus. Je wärmer diese Schicht wird, desto weniger tief kann der Wind das Wasser umwälzen. Unter der warmen Oberflächenschicht, die von See zu See verschieden etwa 3 bis 20 Meter dick sein kann, folgt eine Sprungschicht von oft nur 2 bis 3 Metern Stärke. Hier fällt die Wassertemperatur vom Wert des warmen Oberflächenwassers bis auf nahezu 4 °C ab, meist mehr als 5 °C pro Meter. Die Sprungschicht *(Metalimnion)* ist

Seltener Anblick: Sedimentierende Schwebeteilchen haben sich in der noch weit oben liegenden Sprungschicht gesammelt und zeigen so die Dichtedifferenzen der Wasserschichten an. Die Sprungschicht wird sichtbar.

beim Tauchen nicht allein dadurch zu erkennen, dass es auf relativ kurzer Tiefendifferenz plötzlich kalt am Gesicht wird. Häufig wird die Sprungschicht als trübe, schlierige, flimmernde, mit Gasbläschen und Sedimentpartikeln stark angereicherte Lamelle wahrgenommen, während das Wasser darüber und darunter sehr klar ist.

Die starken Dichteunterschiede innerhalb der Sprungschicht führen dazu, dass hier sowohl der Aufstieg von Gasblasen aus den Stoffumsätzen des Seebodens als auch die Sedimentation toter organischer Partikel von oben stark verzögert werden und diese Schicht beinahe wie ein verunreinigter Filter zwischen den Klarwasserlamellen wirkt.

Unter der Sprungschicht ruht – in der Regel glasklares – 4 °C kühles Tiefenwasser *(Hypolimnion).* Dieses Wasser hat sein Dichtemaximum und ein Gasaustausch mit den wärmeren Oberflächenschichten ist bis in den Herbst hinein unmöglich. Durch Konvektion kann das Tiefenwasser dennoch etwa 5–6 °C warm werden. Die beschriebene thermische Schichtung, deren oberflächliche Warmwasserlamelle im Laufe des Sommers immer dicker wird, bezeichnet man als **Sommerstagnation.**

## Herbst

Sobald sich das Oberflächenwasser im Herbst abkühlt, löst sich die Sprungschicht beim Absinken auf. Das ist ein stufenweiser Prozess, bei dem je nach Varianz des Wetters auch mehrere Sprungschichten entstehen können, bis der See wieder 4 °C erreicht und die Herbstzirkulation einsetzt. Häufig sind die letzten Wochen vor der Herbstzirkulation die klarsten, attraktivsten Zeiträume zum Tauchen in Binnenseen.

## Winter

Im Winter frieren die Seen meist zu und die Eisschicht hat an der Grenzschicht zum Wasser 0 °C. Nunmehr entsteht eine *inverse* Schichtung: Oberflächlich hat das Wasser 0 °C, von der Eisdecke in die Tiefe betrachtet steigt die Wassertemperatur auf 4 °C an, was meist in 3–5 m Tiefe erreicht ist. Das Tiefenwasser ist konstant 4 °C »warm«.

Häufig sind die wenigen Wochen der Homothermie des Wassers (ganzer Wasserkörper mit konstanten 4 °C während der Frühjahrs- und Herbstzirkulation) zum Tauchen weniger attraktiv. Die Hauptaktivität des Lebens im See findet während der Sommerstagnation statt.

Jährliche Schichtung und Zirkulation im See.

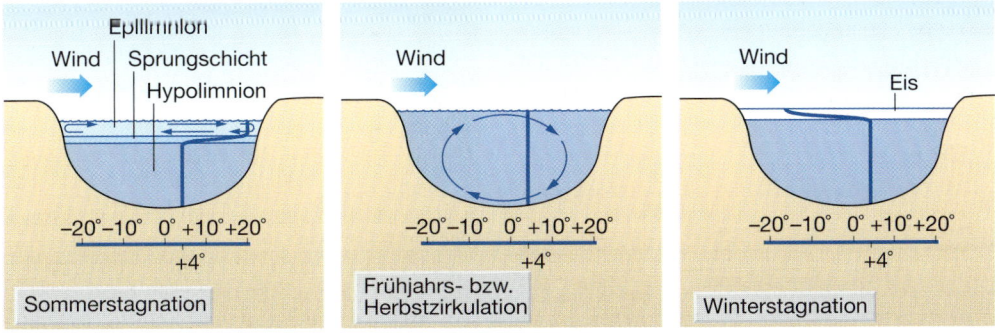

## Wärmehaushalt von Seen

- Seen sind im Winter unter Eis maximal 4 °C warm.
- Seen werden im Frühling und Herbst bei gleichmäßigen 4 °C Wassertemperatur durchmischt (**Zirkulation**). Dann ist die Sicht unter Wasser schlecht, aber es wird Sauerstoff ins Tiefenwasser eingetragen.
- Im Sommer entsteht eine stabile Schichtung in warmes **Oberflächenwasser** *(Epilimnion),* **Sprungschicht** *(Metalimnion)* und **kaltes Tiefenwasser** *(Hypolimnion).*

# Typische Pflanzengesellschaften in Binnenseen

Wasserpflanzen *(Hydrophyten)* und Sumpfpflanzen *(Helophyten)* sind nur selten untereinander natürlich verwandt im Sinne der wissenschaftlichen Botanik. Die genannten Pflanzen vereint nur die Tatsache, dass sie alle im und am Wasser leben und trotz Zugehörigkeit zu verschiedenen Pflanzenfamilien ähnliche Anpassungsmerkmale an den Lebensraum Wasser erworben haben.

Unter den Wasserpflanzen kann man fünf verschiedene Lebensformen unterscheiden:

1. Völlig untergetaucht oder *submers* lebende Pflanzen, die sogar unter Wasser blühen.
2. Submerse Pflanzen, deren Stängel und Blätter unter Wasser bleiben, während das blütentragende Endstück des Sprosses über die Wasseroberfläche ragt.
3. Pflanzen, die im Boden verwurzelt sind und mit Schwimmblättern und Blüten auf der Wasseroberfläche zu sehen sind.
4. Amphibische Pflanzen, die über und unter Wasser Blätter oder blattähnliche Sprossfortsätze ausbilden.
5. Frei schwimmende Pflanzen der Wasseroberfläche, bisweilen auch des Wasserkörpers, die keine Verwurzelung im Grund zeigen.

Die meisten Wasserpflanzen können verschieden hohe Wasserstände und sogar zeitweiliges Trockenfallen überleben. Unterwasserblätter sind im strömenden Wasser band-, riemen- oder peitschenförmig, um wenig Strömungswiderstand zu bieten. Schwimmblattpflanzen haben oft lange, teils spiralig gewundene und elastische Blattstiele, um Wasserstandsänderungen, Wind und Wellenschlag beweglich überstehen zu können.

Wasserpflanzen besitzen generell eine dünne *Epidermis*, die sie befähigt, Wasser und darin gelöste Stoffe über die ganze Oberfläche aufzunehmen. Darüber hinaus gibt es zahlreiche weitere Besonderheiten, die aus Platzgründen speziellen Botanikbüchern vorbehalten bleiben müssen.

Insbesondere die Armleuchteralgen, die Wassermoose und eine ganze Reihe von Blütenpflanzen entsprechen mit Stängel, Spross, gegebenenfalls Blüten und einer mehr oder weniger aufrechten Lebensweise dem Bild, welches man sich als Taucher von Wasserpflanzen macht. Jedoch gehören nur die Blütenpflanzen zu den sog. höheren Pflanzen, Moose zählen zu den Sporenpflanzen und Characeen sind hoch entwickelte Algen. Die Wasser- und Sumpfpflanzen sind in natura in bestimmten Wasserpflanzengesellschaften gruppiert, in denen sie je nach Licht- und Nährstoffangebot sowie in Abhängigkeit von mittlerer Wassertemperatur und Tiefe wachsen. Die nachstehende Darstellung der charakteristischen Pflanzengesellschaften in stehenden Gewässern hat eine gewisse Allgemeingültigkeit. Man muss sich dabei jedoch vor Augen halten, dass es zwischen kalten Gebirgsseen und wärmeren Tieflandseen Unterschiede geben muss und sich auch zwischen flachen und sofort am Ufer steil in die Tiefe abfallenden Seen erhebliche Unterschiede in der Zonierung der Wasserpflanzengesellschaften ergeben. So haben steilscharige Gebirgsseen oft nur schmale lichte Wasserpflanzensäume, während es in Tieflandseen artenreiche 10–15 Meter breite Pflanzenzonen geben kann, regelrechte »Dschungel«.

## Wasserpflanzen-Gesellschaften der verschiedenen Ufer- und Tiefenzonen

Das **Großseggenried** ist die Gesellschaft des Übergangsbereiches Land zu Wasser. Hier findet man vor allem Spitz-, Kamm-, Ufer- und Schnabelsegge, Sumpfschwertlilien, Sumpflabkraut, Blutweiderich, Gilbweiderich, Schlammschachtelhalm und Kriechenden Hahnenfuß.

**Zweizahn-Ufersäume** sind eine Sonderform, die sich vor allem an den vegetationsarmen Ufern von Gewässern mit periodisch verschiedenem Wasserstand (Talsperren und

Die Pflanzenzonierung am Ufer eines Binnensees.

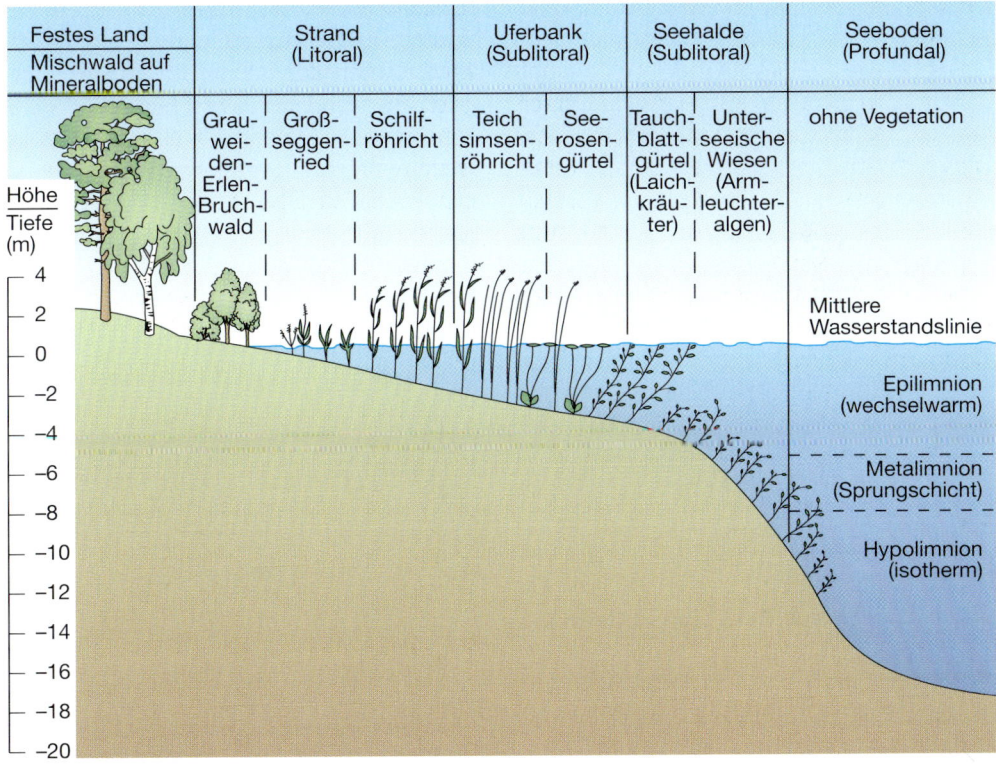

Teiche) aufbaut. Meist wächst hier Nickender und Dreiteiliger Zweizahn, Sumpfkresse, Kriechender Hahnenfuß und Kleiner Knöterich. Diese Pflanzen ertragen Trockenfallen und Überfluten gleichermaßen und dienen oft – nachdem Talsperren das Frühjahrshochwasser aufgefangen haben – als Laichsubstrat für die Fische.

**Röhrichtgesellschaften** wachsen entlang flacher Seeufer mit Breit- und Schmalblättrigem Rohrkolben, Schilf, Teichbinse, Igelkolben, Rohrglanzgras, Pfeilkraut, Froschlöffel, Wasserschwaden und manchmal Tannenwedel.

**Schwimmblattpflanzen-Gesellschaften** sind dem Röhricht allmählich tiefer werdender Seen direkt vorgelagert. In dieser Region wachsen und blühen Seerose und Große Mummel, Wasserknöterich, Schwimmendes

Zwischen Schilf und Tauchblattpflanzen liegt die Zone der Schwimmblattpflanzen.

Laichkraut, Seekanne, Wasserhahnenfuß und Schwimmfarn.

**Unterwasser-Laichkraut-Gesellschaften** mit Glänzendem und Durchwachsenem Laichkraut, mit Wasserpest, Hornblattarten, Tausendblattarten und bisweilen Nixenkraut wachsen in 0,5 bis etwa 6 m Tiefe.

**Froschbiss-Krebsscheren-Gesellschaften** wuchern ein Gewässer oberflächlich fast völlig zu. Die betroffenen Seen sind oft sehr flach und warm, häufig findet man noch Wasserschlaucharten. Diese mit aus dem Wasser ragenden Krebsscheren bewachsenen Gewässer sind nicht mehr weit von der völligen Verlandung entfernt.

**Wasserlinsen-Gesellschaften** treiben frei auf der Oberfläche vor allem eutropher Gewässer. Massenvorkommen von Wasserlinsen – oft aus Vielwurzeliger, Dreifurchiger, Kleiner und Buckliger Wasserlinse sowie Teichlinsen bestehend – verändern das Lichtklima im Gewässer nachhaltig und verhindern das Aufkommen von höheren Wasserpflanzen beziehungsweise auch des Phytoplanktons durch Beschattung.

**Unterseeische Characeenwiesen** wachsen zwischen den submersen Laichkrautgesellschaften und der lichtarmen Tiefenzone. Oft erstrecken sich in klaren, oligotrophen und mesotrophen Seen ausgedehnte Wiesen aus Armleuchteralgen oder Characeen bis in etwa 5–15 m Tiefe, im Extremfall sogar bis zu 40 m tief (Ohrid-See in Albanien).

**Pflanzenzonen an Seeufern**

- An einem normalen **Binnensee** mittleren Nährstoffgehalts bilden sich meist die Zonen Bruchwald, Großseggenried, Schilfröhricht, Schwimmblattgürtel, Tauchblattpflanzen und Characeenwiesen aus.
- Je nach Höhenlage des Gewässers, Steilheit der Ufer und Lichtdurchlässigkeit des Seewassers können auch Zonen fehlen (bei geringer Sichttiefe werden zum Beispiel in der Tiefe keine Characeen mehr wachsen).

## Tiere, Pflanzen und Beobachtungsmöglichkeiten in Binnenseen

Panta rhei – alles fließt – wussten schon die Naturphilosophen der alten Griechen. Es ist nicht möglich, die Vielgestaltigkeit der lebenden Natur unter Wasser völlig in ein starres System zu bringen oder auf wenigen Seiten vollständig auflisten zu wollen. Jeder See ist ein Individuum, für dessen näheres Kennenlernen die folgenden Seiten Anregung sein sollen. Die derzeit bekannte Tierwelt europäischer Binnengewässer zählt für akribische Wissenschaftler etwa 15 000 Arten, darunter allein knapp 7000 Wasserinsekten. Den häufigsten und typischsten Vertretern dieser gigantischen Vielfalt werden Sie im See zuerst begegnen ...

Aufstiege zu Gletscherseen sind für den Taucher ein außerordentliches Abenteuer, aber auch beschwerlich!

### Gletscherseen und Eisseen

Sie sind etwa zu drei Vierteln des Jahres zugefroren. Gegen Sommerende ist es möglich, dass dieser sonst milchig-trübe Seentyp kristallklar wird. Aufstiege mit Tauchausrüstung in geeignete Gebirgsregionen sind ein außerordentliches Abenteuer, bei dem man mehr geologische Formationen bewundern als wasserbewohnende Arten sehen wird.

### Bergseen oder Gebirgsseen

Diese Seen gibt es in vielerlei Abstufung, mit je nach konkreter Höhenlage und Verbindung zu Bachsystemen sehr verschiedener pflanzlicher und tierischer Besiedelung. Hoch gelegene Schmelzwasserlacken als eine Art Hochgebirgsweiher bergen oft traumhaft schöne Schraubenalgenvorhänge *(Spirogyra)* auf Altholz und sind insbesondere im März bis Mai Zielpunkt für die Laichwanderung von Legionen von Lurchen. Besonders oft findet man den bis in über 2000 m Höhe lebenden Bergmolch, den Alpensalamander, aber durchaus auch Kammmolche und einige Wasserinsektenlarven. Manche Gebirgsweiher sind auch blutrot gefärbt; Ursache ist eine Massenentwicklung roter Geißeltierchen. Sofern das Klima nicht zu rau ist, beobachtet man bereits in ziemlich hoch gelegenen Seen Elritzen, eine Hungerform des Seesaiblings und – selten – Pflanzen wie die empfindliche Zwiebelbinse *(Juncus bulbosus)*, zwei Arten Brachsenkräuter, Alpenlaichkraut und Haarblättrigen Hahnenfuß.

Gebirgsseen in 600–1000 m Höhe über NN weisen oft schon eine etwas »vollständigere«

Besiedelung auf, obwohl auch hier Kälte und lange zugefrorene Perioden die Regel sind. Typische Fische können Seesaibling, Bachforelle, Aitel oder Döbel und Elritze sein. Man findet ebenfalls Vertreter tiefer liegender Gewässer wie den Hecht. In typischen Bergseen – beispielsweise denen im österreichischen Salzkammergut – beobachten Sie in der Uferzone bereits reiche Vorkommen von Wasserpest und Tausendblattarten. Der Wasserpflanzenwald erreicht teilweise beträchtliche Höhen von 3–4 m, ist aber nur schmal, weil der Grund steil in die Tiefe fällt. Auf Wasserpflanzen aufsitzend ist bisweilen ein gigantischer Reichtum an Süßwasserpolypen zu beobachten, am Fuße der Pflanzen leben zahlreiche stark sauerstoffbedürftige Köcherfliegenlarven und Steinfliegenlarven. Gering entwickelte, oft nur fingerkuppengroße Süßwasserschwämme an Althölzern zeigen, dass diese Seen ein hartes Biotop für Tieflandarten sind. Im Flachwasser des spärlichen Litorals von Bergseen können bei Tagestauchgängen insbesondere Hechte, Barsche und Elritzenschwärme gesichtet werden – letztere lassen sich sogar anfüttern. Seesaiblinge und Regenbogenforellen dagegen sind mehr Arten des Pelagials.

Da es relativ gefährlich ist, an einer beliebigen Seestelle frei abzutauchen, ohne die mögliche Maximaltiefe vorher zu kennen, empfehlen sich Beobachtungsversuche auf Freiwasserfische am Ende von Tauchgängen. Man steigt dann im Freiwasser auf und sieht im Gegenlicht Fische des Pelagials wesentlich eher als bei einer Betrachtung von oben ins Dunkle hinein. Freiwasserfische wie Forellen, Saiblinge, Döbel und Perlfische jagen überwiegend auf Zooplankton, Jungfische sowie Anflugnahrung, welche springend erbeutet wird. Daher sind diese Fischarten äußerst schnell, schwer

zu beobachten und zu fotografieren. Meist ist bereits das Foto einer Fischschwarmsilhouette im Freiwasser ein beachtliches und erfreuliches Ergebnis.

In Bergseen sind insbesondere Bacheinläufe ein für Tauchgänge immer empfehlenswerter Platz. Mit der Strömung des Baches wird Nahrung en gros herangetragen, am Rande der Bachmündung entdecken Sie durch das Makroobjektiv betrachtet eine Vielzahl von Wasserkäfern, Köcherfliegenlarven, Wasserschnecken und Jungfischen. Hier, wo die Nahrungsquelle förmlich sprudelt und der See über die Maßen sauerstoffreich ist, lauern am Grund die Groppen, stehen in mittleren

Die Köcherfliegenlarve schreddert versunkene Partikel des Uferwaldes auf dem Torfmoospolster.

und geringen Tiefen Bachforellen, spielen Elritzenschwärme. In manchen Bergseen beobachtet man auch den aus Nordamerika eingeführten Forellenbarsch. Gerade um Bachmündungen herum leben auch zahlreiche Reinanken und Äschen in Bergseen.

Bergseen sind im Allgemeinen nährstoffarm und weisen auch im eiskalten Tiefenwasser eine gute Sauerstoffsättigung auf. Deshalb findet man in Bergseen in beträchtlichen Tiefen von oft 20 und mehr Metern gewaltige Rutten oder Quappen. Dieser einzige Vertreter der Dorschartigen im Süßwasser bevorzugt tiefe kalte Gewässer und auch kühle Fließgewässer.

## Seeneinteilung nach »fischereilichen Haupttypen«

Das natürliche Fischartenspektrum von Seen sowie die von Berufsfischern überwiegend gefangenen Fischarten haben dazu geführt, dass Seen auch in fischereiliche Haupttypen eingeteilt werden können. Diese Grobcharakteristik ist auch für Taucher interessant.

### Der Salmonidensee

Bergseen und kühle, tiefe sowie auch im Tiefenwasser ganzjährig sauerstoffreiche Seen verkörpern den fischereilichen Typ der Salmonidenseen. Neben Groppen, Elritzen, Bachforellen, Seeforellen, Seesaiblingen und Rutten sind in solchen Seen vor allem verschiedene Felchenarten zu beobachten. In den Voralpenseen wie im Bodensee findet man die Blaufelchen, die Schweizer und österreichischen Seen bergen die Reinanken, in norddeutschen tiefen Seen – den sog. Maränenseen – wie Stechlin, Werbellin, Schaalsee, Wandlitzsee und anderen leben

Häufig gehen den Fischern in tiefen kalten Seen kleine Maränen ins Netz.

die Große und Kleine Maräne. Um Maränenschwärme zu sehen, sind ebenfalls Abstiege in mindestens 25–30 m Tiefe erforderlich. Salmonidenseen müssen ganzjährig Sauerstoff im Tiefenwasser haben.

### Der Hecht-Schlei-See

Nächst dem bereits erwähnten Salmonidensee ist oftmals ein Hecht-Schlei-See der wünschenswerte Seentyp für ausgedehnte Unterwasserbeobachtungen. Diese Seen haben keine eigentliche Tiefenzone, sie sind überwiegend durchlichtet und fast über die gesamte Bodenfläche mit Wasserpflanzen bewachsen. Dieser Seentyp erinnert stark an Weiher und ist bei oligotrophem bis mesotrophem Charakter recht durchsichtig. Die relative Transparenz des Wassers sowie die durch die Pflanzenbänke und versunkene Althölzer bewirkte Einteilung des Wasserkörpers in zahlreiche kleine »Reviere« ist für den Charakterfisch Hecht dieses Seentyps besonders wichtig.

Der Hecht ist ein Lauerräuber, d. h. er nimmt seine Beute überwiegend durch Sehen wahr und vermag durch die große Schwanzflosse und die weit hinten liegenden Rücken- und Afterflossen eine gigantische Beschleunigung erreichen. Hechte fixieren ihre Beute und stoßen blitzartig zu – sie investieren jedoch keinerlei Anstrengung, ein verfehltes Beutetier etwa eine gewisse Strecke zu jagen.

Hechten bei der Jagd zuzusehen ist ein überaus spannendes Schauspiel, das sogar lustig werden kann, wenn Junghechte beim Üben immer wieder ohne Erfolg in Jungfischschwärme hineinstoßen und dabei kuriose Rollen und Haken schlagen, die ein erwachsener Hecht tunlichst vermeidet. Erfahrene Hechte wissen um ihre Schwächen, so dass man oft beobachten kann, wie ein Hecht den jeweiligen Beutefisch im Maul dreht, um diesen mit angelegten Flossen und Stacheln verschlingen zu können. Dieses Verhalten ist völlig entgegengesetzt dem des Zanders, der seine Beutefische auch »Schwanzflosse voran« verschlucken kann; eine Praxis, an der ein Hecht zugrunde gehen würde.

Hecht-Schlei-Seen weisen oftmals die ganze Palette der Pflanzengesellschaften von Röhricht bis zu den Characeenwiesen auf. Zahlreiche Karpfenfische wie Rotfedern, Plötzen und Karauschen, seltener auch Giebel und Blei bevölkern diese Seen. Während große silbrige Plötzenschwärme im Freiwasser nach Zooplankton jagen, verbergen sich viele andere Weißficharten tagsüber im Kraut und sind nur beim Nachttauchen zu sehen. Nachttauchgänge in Hecht-Schlei-Seen führen oft zu Begegnungen mit Aalen und Ukeleien, bisweilen sind nachts Porträtfotos von Karpfen, Schleien und Döbeln möglich. Soweit in Seen dieses Typs Sandflächen freiliegen, ist das der bevorzugte nächtliche Platz für Gründlinge und Steinbeißer. Hecht-Schlei-Seen ähneln in gewisser Weise klaren Tieflandflüssen, Altwässern und Weihern.

## Der Bleisee

Ein weiterer fischereilicher Seetyp ist der Bleisee. Dieser Seetyp ist mäßig tief und mesotroph bis eutroph. Bleiseen haben oft einen ausgedehnten Uferpflanzenbewuchs – das sog. Gelege –, welches den Bleien und anderen Fischen zum Anheften des Laiches dient. Aufgrund der geringen Durchsichtigkeit von eutrophen Seen fehlt hier die reichhaltige Ausbreitung eines Teils oder aller wesentlichen Wasserpflanzengesellschaften. Der Seeboden von Bleiseen ist reich an organischem Material und kleinen Bodentieren, in größeren Tiefen herrscht jedoch Sauerstoffschwund aufgrund des Abbaus von sedimentiertem Phytoplankton.

Für als Bleiseen erkannte Seen empfehlen sich vor allem nächtliche Ausflüge, eventuell mit einer Kamera inklusive mittlerem Zoomobjektiv. Vom fingerlangen Kaulbarsch bis zum 80-Zentimeter-Blei, von kleinen Schleien bis zu großen Welsen kann es alle Arten von Begegnungen geben. So, wie der kundige Jäger im Wald Wildwechsel sieht, erkennen wir auch Wassertiere an markanten Spuren. Etwas oberhalb jener Tiefenzone, die durch das Vorhandensein von rabenschwarzem Schlamm und Schimmelpilzen auf Sauerstoffschwund hinweist, sollte man bei Tageslicht nach kleinen Gruben – geringfügigen, unregelmäßig verstreuten Trichtern – Ausschau halten. Hierbei handelt es sich um Fraßtrichter von Bleien, die nach Chironomidenlarven wühlen. Die Zuckmückenlarven der Gattung *Chironomidae* sind ein wichtiger Teil der Nahrungspalette zahlreicher Weißficharten. Konzentrationen solcher Fraßtrichter sind ein Ort des »nächtlichen Wildwechsels« von Bleien, Karpfen und anderen Fischen.

## Der Zandersee

Dies ist der letzte der fischereilichen Seentypen. Er ist meist planktonreich, sehr trüb und dabei recht flach. Oft haben Zanderseen einen festen Untergrund und keinen Pflanzenwuchs am Grund. Der Leitfisch Zander ist ein nächtlicher Räuber, der seine Beute ausdauernd jagt und im Sommer gern in mehr als 10 m Tiefe bodennah lebt. Zander zu beobachten ist ein Glücksfall; meist fliehen die Fische, ehe man sie im trüben Wasser zu Gesicht bekommt. Eine Ausnahme ist die Laichzeit: In dieser Zeit stehen äußerst aggressive – auch sehr bissige – Zander über ihren in 1–3 m Tiefe gescharrten Laichgruben und lassen sich auch durch Fotoarbeiten nicht vertreiben.

Begleitfische in Zanderseen und gleichzeitig typische Zander-Beutefische sind oft Kaulbarsch und Binnenstint. Außerdem leben Blei, Plötze, Aal und Wels in Zanderseen.

## Einteilung der Tiergruppen nach deren Nahrungserwerb

In allen Seentypen findet der interessierte Beobachter bizarre Kleintiere, die auf verschiedene Weise zum Kreislauf der Natur wie auch zur Wasserklarheit beitragen. Ganz unabhängig von der systematischen Stellung dieser Organismen im Tierreich werden sie von Limnologen nach der Art des Nahrungserwerbs in Gruppen zusammengefasst.

Süßwasserschwämme werden als festsitzende Filtrierer bezeichnet.

### Sessile Filtrierer

Eine dieser Tiergruppen sind die sog. sessilen Filtrierer – fest am Untergrund anhaftende Tiere, die einen Wasserstrom erzeugen und diesen für das Herausfiltern von Nahrungspartikeln nutzen. Häufig zu sehen sind an Althölzern und Steinen haftende Süßwasserschwämme, welche im »Original« schmutziggelb und im Flachwasser durch anhaftende Algen hellgrün aussehen. Weitere Filtrierer sind *Bryozoen* oder Moostierchenkolonien, die allseits bekannten Muscheln und in geringem Maße Süßwasserpolypen und Süßwassermedusen. Filtrierer pumpen Wasser durch ihre Kiemen, Atemhöhlen, Mägen oder andere körpereigene Kanäle und klären dabei große Mengen Wasser. Sie gewinnen aus diesem Wasserstrom gleichzeitig Nahrung und Atemsauerstoff.

### Weidegänger

Eine weitere Tiergruppe wird entsprechend ihrer Nahrungsaufnahme als Weidegänger zusammengefasst. Zu dieser interessanten Gruppe mit zahlreichen bizarren und daher für die Makrofotografie attraktiven Formen gehören die Wasserschnecken, viele Eintagsfliegenlarven und Köcherfliegenlarven sowie Wasserkäfer. Diese Tierarten ernähren sich zum großen Teil, indem sie Algenaufwuchs von Steinen und Pflanzen schaben, bürsten oder kratzen.

### Zerkleinerer oder Schredder

Dies ist eine andere formenreiche Gruppe kleiner Tiere. Im Gewässer fallen zahlreiche »grobe Abfälle« in Form von abgestorbenen Pflanzen oder Falllaub an. Die Schredder haben ihren Namen von der Eigenschaft, die durch Bakterienbesiedelung etwas »gehaltvoller« gewordenen Grobabfälle so weit zu zerkleinern, dass das feinpartikuläre Material für Filtrierer und Sedimentfresser verfügbar wird. Flohkrebse, Wasserasseln und diverse Köcherfliegenlarven arbeiten als sog. Schredder.

### Sediment- und Detritusfresser

Das ist die letzte Gruppe dieser Reihe unauffälliger Tierarten. Überwiegend handelt es sich dabei um Zuckmückenlarven der Gattung *Tanytarsus* in klaren nährstoffarmen Seen sowie um Zuckmückenlarven der Gattung *Chironomus* in eutrophen trüben Seen. Den einzigen echten Sedimentfresser, den man eventuell bei besonders vorsichtiger Tauchweise zu sehen bekommt, ist der Schlammröhrenwurm. Dieser rötliche Wurm wird bis zu 85 Millimeter lang und sein Hin-

terende bewegt sich schwingend über dem Grund, um an sauerstoffhaltiges Wasser für die Enddarmatmung heranzureichen.

Rote Zuckmückenlarven sind Sedimentfresser – und in vielen Seen Hauptnahrung bodenbewohnender Fische.

### Fischereiliche Seentypen

- Die meisten Seen lassen sich je nach dominierenden Wirtschafts-Fischarten als **Salmonidenseen, Hecht-Schlei-Seen, Bleiseen** oder **Zanderseen** einstufen. Das sind die fischereilichen Haupttypen.

- Kleintiere wie **Filtrierer, Schredder** und **Weidegänger** vertilgen neben *Zooplankton* und *Protozoen* organische Partikel und tragen somit zur Wasserklarheit bei.

# Ausgewählte Arten der Binnengewässer

## Bakterien, Algen und Pilze

Zahlreiche Bakterien, Algen und Pilze werden beim Tauchen nur als verschieden gefärbte Überzüge oder Beläge auf diversen Untergründen oder Substraten wahrgenommen. Man findet diese Schichten auf Wasserpflanzen, Holz, Laub und Steinen ebenso wie auf toten Tieren. Zahlreiche Bakterienkolonien und Algenrasen sind ganz unauffällig grün, braungrün oder graubraun gefärbt.

Diese unauffälligen, ja beinahe nicht wahrnehmbaren Gebilde haben jedoch eine wichtige Rolle im Ökosystem Gewässer zu erfüllen! Insbesondere Bakterien und Pilze bauen durch ihre Lebensaktivitäten totes organisches Material ab, mineralisieren dieses und inkorporieren es erneut als Nährstoffe in den Stoffkreislauf des Wassers.

**Bakterien** *(Bacteria)* und **Blaualgen** *(Cyanophyta)* haben keinen echten Zellkern, da die Träger ihrer Erbinformation von keiner schützenden Kernhülle umgeben werden. Diese beiden Gruppen werden als *Prokaryoten* bezeichnet und in der Systematik von den *Eukaryoten* unterschieden, die sämtlich einen echten Zellkern aufweisen. Bakterien können sowohl Sauerstoff benötigen wie auch durch Gärung Energie gewinnen. Bakterien sind stets einzellig, wogegen Blaualgen komplexe, vielzellige Körper ausbilden. Blaualgen können die Photosynthese nur durch Assimilationsfarbstoffe betreiben, weil sie im Gegensatz zu höheren Pflanzen keine Chloroplasten haben. Blaualgen sind daher keineswegs immer blau, sondern können durch eingelagerte Farbstoffe giftgrün, blau, gelb oder rötlich gefärbt sein.

Blaualgen beobachtet man in Gewässern in zahlreichen Spielarten. In flachen, durchlichteten Gewässern begegnet man häufig den dunkelgrünen bis schwarzen Knöllchen der Kalk-Krusten-Blaualge *(Rivularia haematites)*. Diese Blaualge lagert Kalk ein und bildet bis zu 3 Zentimeter dicke Schichten. Schwingalgen *(Oscillatoria)* haben ihren Namen davon, dass sie pendelnde Suchbewegungen ausführen und auf diese Weise Fadenenden an immer neuen Substraten befestigen. Schwingalgen überziehen in kürzester Zeit als hellgrün-schleimiges Geflecht den Gewässergrund und können Felder submerser höherer Wasserpflanzen regelrecht ersticken bzw.

durch Lichtabschirmung in ihrer Entwicklung behindern.

Eine weitere für die Gewässernutzung jedweder Art ungünstige Blaualgenart ist *Microcystis*, von der bei Massenvorkommen grüne Partikel im gesamten Wasserkörper suspendiert sind sowie bei Windstille ein dicker grüner Belag auf der Wasseroberfläche »aufrahmen« kann.

**Rotalgen** *(Rhodophyta)* sind eigentlich typische Meeresbewohner. Nur wenige, überaus empfindliche Arten – die oftmals Reinstwasser anzeigen – leben in Binnengewässern. Wer einmal im Oberlauf von Bergbächen schnorchelt, wird dort rotbraune, mit hellroten Partikeln gesprenkelte Algenüberzüge auf Steinen finden. Hierbei handelt es sich um die Krusten-Rotalge *(Hildenbrandia rivularis)*, die durch Gewässereutrophierung schon stark zurückgegangen ist. Eine weitere Form der in Quellen und Bächen lebenden Rotalgen ist die Froschlaichalge *(Batrachospermum monoliforme)*. Die Struktur dieser Alge ähnelt in der Tat Amphibien-Laichschnüren.

Eine erstaunliche Artenvielfalt von Grünalgen lebt in den oberen Wasserschichten. Um nichts zu berühren, sollte der Taucher stets Abstand halten und gut austariert sein.

**Grünalgenarten** *(Chlorophyta)* leben zu 90 % im Süßwasser, nur 10 % sind Algen des Meeres. Diese artenreiche Algengruppe umfasst mannigfache Erscheinungsformen vom Einzeller über begeißelte wie unbegeißelte Formen bis hin zu fädigen und pflanzenähnlichen Ausbildungen. Bau und Struktur der Chloroplasten zeigen die nahe Verwandtschaft zu den höheren Pflanzen.

Eine ungeheure Artenvielfalt von Grünalgen lebt praktisch in den oberen Wasserschichten der Binnengewässer und ist Nahrungsgrundlage für die gesamte tierische Nahrungspyramide.

**Phytoplankton und höhere Pflanzen**

- Das Wort **Plankton** kommt aus dem Griechischen und bezeichnet »das Schwebende«.
- **Phytoplankton** sind die winzigen pflanzlichen Algenzellen, die im Wasser schweben und manche Seen im Sommer grün werden lassen.
- Phytoplankton und höhere Wasserpflanzen sind die **Primärproduzenten** im Wasser, d. h. sie sind die Futterbasis für alles tierische Leben.

Von der Abteilung Grünalgen *(Chlorophyceae)* fallen vor allem größere Gebilde beim Tauchen auf. Das Wassernetz *(Hydrodictyon reticulatum)* bildet oftmals makroskopisch sichtbare sackförmige Netze, die auf dem Grund und auf Wasserpflanzen aufliegen oder auch im Freiwasser treiben. Wassernetz kommt überwiegend in klaren Seen vor und bildet recht regelmäßige, 5- bis 8-eckige Strukturen. Ein weiterer auffälliger Vertreter dieser Abteilung ist die Darmalge *(Enteromorpha intestinalis)*, welche am Gewässerboden ein darmartiges Gewirr von dünnen hellgrünen Röhren bildet, deren Stränge an die 2 m lang werden können. Lockere Borsten-Grünalgen *(Chaetophora incrassata)* bilden einige Zentimeter dicke Kolonien oder verzweigte Stränge. Wenn auf dieser hellgrünen Alge diverse Partikel haften, hat sie entfernte Ähnlichkeit mit Süßwasserschwämmen. Sobald Ihnen beim Tauchen grüne, senkrecht stehende Fäden begegnen, die wie ein gepflegter feiner Rasen am Grund wachsen, haben Sie Formen der Astalgen *(Chlodophora sp.)* vor sich. Astalgen weisen eine starre raue Oberfläche auf und zeigen bereits mittleren Nährstoffreichtum im Wasser an.

Auch die **Jochalgen** *(Conjugatophceae)* zählen zu den Grünalgen. Aus dieser Abteilung treten insbesondere die Schraubenalgen *(Spirogyra sp.)* in Tauchgewässern in Erscheinung. Diese Algen sind für den zartgrünen Flaum von Quellen und kalten Gebirgsseen verantwortlich, der oftmals atemberaubende Unterwasserbilder so vortrefflich mitgestaltet.

Die dritte Abteilung der Grünalgen bilden die **Armleuchteralgen** *(Charaphyceae)*, oft locker als Characeen bezeichnet. Diese Grünalgen haben einen schachtelhalmartigen regelmäßigen Körperaufbau. Die Sprosse setzen sich aus lang gestreckten röhrenartigen Zellen zusammen, an denen in regelmäßigen Abständen quirlartige Seitenäste sitzen. Einige Armleuchteralgenarten haben berindete Sprosse, andere nicht. Ein Teil der Armleuchteralgen bieten bereits ein ähnliches Erscheinungsbild wie höhere Pflanzen, da sie stets mit wurzelähnlichen Zweigen *(Rhizoiden)* am Boden verankert sind. Characeen haben im Gegensatz zu Blütenpflanzen keinerlei gasgefüllte Hohlräume und können daher druckunabhängig bis in größere Tiefen wachsen. Armleuchteralgen als der untere Abschluss des Litorals werden in ihrem Wachstum nur durch den Lichtfakor limitiert.

Eine häufig zu findende Art ist die Sternarmleuchteralge *(Nitellopsis obtusa)*, die relativ wenige gerade abstehende Quirläste trägt und oft kräftige, 1 m hohe Felder bildet. Die Art *Nitella syncarpa* brilliert durch sehr filigrane Seitenäste und eine äußerst fotogene Bänderung, welche durch Kalkauflagerungen entsteht. In zahlreichen Gewässern bildet die robuste Art *(Chara tomentosa)* die absolut untere Vegetationsgrenze. Sie ist an den rotbraunen Stängelspitzen sowie seilartig profilierten Rindenzellen gut zu erkennen. Die zerbrechliche Armleuchteralge *(Chara fragilis)* ist ebenfalls weit verbreitet. Diese Art wird charakterisiert durch lange gebogene Quirläste und eine intensiv grüne Farbe. Oft dienen die Quirle dieser Armleuchteralge Jungfischen als Ruhelager für die Nacht.

**Pilze** *(Fungi)* überziehen unter Wasser vor allem faulende Pflanzenteile oder die Kadaver von Fischen. Bisweilen parasitiert auch der Wasserschimmel *(Saprolegnia sp.)* auf lebenden Fischen. Wahrscheinlich beruht der

Tief unten im See zerlegen Pilze wie der Wasserschimmel das abgesunkene organische Material.

Spruch der Angler vom »bemoosten Riesenkarpfen« auf der Beobachtung dieser Tatsache. Der Nebelpilz *(Achlya racemosa)* überzieht vor allem versunkene Stämme und Zweige mit relativ steifen weißen Watten.

### Reduzenten
- **Bakterien und Pilze** verarbeiten abgesunkene organische Partikel wieder zu mineralischen Stoffen.
- Sie benötigen dazu wenig oder keinen Sauerstoff.
- Bakterien und Pilze gelten als **Reduzenten** im Stoffkreislauf eines Sees.

## Moose und Farne

**Moose** *(Bryophyta)* sind überwiegend Landpflanzen, von denen nur wenige Arten untergetaucht oder als Schwimmblattpflanze zu leben vermögen. Auch diese Wassermoose vermehren sich wie ihre Verwandten an Land über Sporen.
Der häufigste und bekannteste Vertreter der Wassermoose ist das Quellmoos oder auch Gemeine Brunnenmoos *(Fontinalis antipyretica)*. Die Pflanze macht oberflächlich betrachtet einen beinahe an eine Dreikantfeile erinnernden Eindruck, da die stark gekielten Blätter in drei Reihen am Stängel sitzen. Quellmoos findet man überwiegend in Bergbächen und kleinen Flüssen, aber auch in klaren Seen, Teichen und Karstquellen. Eine weitere interessante Moosart ist das seltene Wassersternlebermoos. Dieses Moos ist die einzige Schwimmpflanze unter den Moosen und wird durch Wasservögel verbreitet.
Die **Torfmoose** Europas *(Sphagnum sp.)* sind die Torfbildner in Mooren aller Couleur. Torfmoose säuern das Wasser stark an und

Bizarre Torfmoose *(Sphagnum sp.)* wachsen als kleine Matten im Wasser.

verringern damit die Überlebenschancen konkurrierender Pflanzenarten.

**Farne** *(Pteridophyta)* vermehren sich ebenso wie Moose durch Sporen. Farnpflanzen haben echte Wurzeln, Sprosse und Blätter. Nur wenige Farnpflanzen leben dauerhaft im Wasser, ihre Entdeckung ist ein besonderes Erlebnis für Pflanzenliebhaber. Bisweilen findet man inmitten von Wasserlinsenarten sehr warmer flacher Seen den Großen Algenfarn *(Azolla filiculoides)*. Die Wurzeln des Algenfarns treiben frei im Wasser, der Stängel ist dicht mit zwei Reihen von Blättern besetzt. Die Blätter des Großen Algenfarns sind zweilappig. Der obere Lappen ist obenauf behaart und unbenetzbar, der Unterlappen liegt im Wasser. Zwischen beiden Blättern lebt oft die fädige Blaualge *(Anabaena azollae)*, die für die violett erscheinenden Blattränder verantwortlich ist.
Mit viel Glück entdeckt man in ruhigen windgeschützten Buchten von Seen den Schwimmfarn *(Salvinia natans)*. Die oberseitig weiß auf grünem Grund behaarten Blätter dieser Schwimmpflanze stehen in dreizähligen Wirteln, d. h., jeweils zwei Blätter einer Verzweigung schwimmen auf dem Wasser

und das dritte hängt wurzelartig zerschlitzt als *Rhizophyll* ins Wasser.

## Blütenpflanzen

### Submers lebende Wasserpflanzen ──
Die übergroße Mehrzahl unserer einheimischen Sumpf- und Wasserpflanzen sind Blütenpflanzen. Ihnen ist gemeinsam, eine echte Wurzel, Sprossachse und Blätter auszubilden sowie zur Fortpflanzung Blüten zu treiben. Die eigentliche Vermehrung erfolgt über befruchtete Samen.

Wasserpflanzen wurzeln im Gewässergrund, der oft faulgasreich und sauerstoffarm ist. Da solcherart die bei Landpflanzen übliche Bodenatmung über die Wurzeln kaum möglich ist, besitzen Wasserpflanzen ein gut ausgebildetes Durchlüftungsgewebe, welches diese Funktion übernimmt. Eben diese gasgefüllten Hohlräume machen Blütenpflanzen empfindlich gegen den hydrostatischen Druck unter Wasser. Der Wasserdruck nimmt je 10 m Tiefe um 1 Bar zu. Die gasgefüllten Kammern und Bahnen können in der Regel nur einen Maximaldruck von 1,5–2 Bar ertragen, woraus sich automatisch der mögliche Lebensraum von submersen Blütenpflanzen auf höchstens 5–10 m Tiefe beschränkt. Hierin finden wir die physikalische Ursache, dass die druckunempfindlichen Armleuchteralgen meist bis in gerade noch ausreichend durchlichtete Tiefen unterseeische Wiesen bilden, während beim langsamen Aufstieg entlang der Pflanzenfelder irgendwo in 5–10 m Tiefe ein allmählicher Übergang zu höheren Unterwasserpflanzen erfolgt. Die absolute Grenze des grünen Pflanzenlebens ist erreicht, wenn nur noch weniger als 2 % des einfallenden Lichts in die Tiefe gelangen können.

**Tauchblattpflanzen und Characeen**
- Getaucht lebende **Wasserpflanzen** haben ein durchlässiges Gewebe mit gasgefüllten Leitungsbahnen.
- Dieses für die Atmung wichtige System macht Wasserpflanzen empfindlich gegen den Wasserdruck, so dass sie häufig nur in Tiefen bis zu 10 m vorkommen.
- **Characeen** sind sehr einfach aufgebaut und daher druckunempfindlich.

Wenn man sich vorstellt, aus der Tiefe eines Binnensees aufzutauchen, schließen sich unmittelbar an die Characeenwiesen die **Felder submerser oder untergetaucht lebender Blütenpflanzen** an. Oft sind die intensiv grünen Bestände der Kanadischen Wasserpest *(Elodea canadensis)* bzw. von Nuttalls Wasserpest *(Elodea nuttallii)* die am tiefsten

Wasserpest treibt winzig kleine, orchideenartig schöne Blüten.

lebenden Blütenpflanzen. Während Nuttalls Wasserpest ein »jüngerer Import« aus Amerika ist, wurde die Kanadische Wasserpest bereits vor über 150 Jahren nach Europa eingeschleppt. Seltsamerweise findet man nur weibliche Pflanzen, so dass die überaus erfolgreiche Vermehrung bei dieser Art nur vegetativ über neu austreibende Sprossbruchstücke erfolgt.

In dämmrigen Tiefen entdeckt der aufmerksame Taucher auch Quellmoos *(Fontinalis antipyretica)* und Großes Nixenkraut *(Najas marina)*. Oft setzt in etwa 6 m Tiefe eine große Artenvielfalt von submersen Blütenpflanzen ein, die sich bis an und in die Zone der Schwimmblattpflanzen fortsetzt. Hier beobachtet man vor allem die verschiedenen Laichkräuter, die ihren Namen davon haben, dass tatsächlich gerade Karpfenfische *(Cyprinidae)* diese Pflanzen als Laichsubstrat benötigen. Besonders auffallend ist das Spiegelnde Laichkraut *(Potamogeton lucens)*. Diese Pflanze hat bis zu 30 Zentimeter lange und 5 Zentimeter breite glänzende Blätter mit aufgesetzter Spitze. Mit Wuchshöhen von 3–4 (maximal 6) m ist das Spiegelnde Laichkraut der »Kelp« des Süßwassers und bietet insbesondere Hechten hervorragende Lauerplätze. Die Blüten des Spiegelnden Laichkrautes erheben sich in Ähren über das Wasser. Eine weitere markante Art der Laichkrautgewächse *(Potamogetonaceae)* ist das Krause Laichkraut *(Potamogeton crispus)*. An dem zierlichen rötlichen Stängel dieser Art sitzen längliche, auffallend gewellte Blätter, die von zahlreichen Süßwasserpolypen als Standort geschätzt werden.

In der Laichkrautfamilie existieren auch mehrere Arten, die fadenförmige Blätter aufweisen und sehr schwer zu unterscheiden sind. Eine dieser Arten, deren filigrane Verzweigungen bis zu 2 m hohe Bestände bilden können, ist das Kammförmige Laichkraut *(Potamogeton pectinatus)*. Vor allem über schlammigem Sediment wächst das Durchwachsene Laichkraut *(Potamogeton perfoliatus)*, dessen kräftig geäderte Blätter scheinbar vom Spross der Pflanze durchwachsen werden.

**Laichkraut und Tausendblatt**
- Laichkräuter und Tausendblattarten sind die häufigsten höheren Wasserpflanzen.
- Laichkräuter haben ihren Namen daher, dass insbesondere Weißfischarten ihren Laich an solche Pflanzen heften.
- Auf dem Gewässerboden abgelegter Laich hingegen kann ersticken oder verpilzen.

Ebenfalls in völlig getaucht lebenden Pflanzenfeldern beheimatet ist das Kleine Nixenkraut *(Najas minor)*, eine hellgrüne zierliche Pflanze mit ganz charakteristisch gekrümmten, grannig gezahnten und sich spröde anfühlenden Blättern. Das Pfeilkraut *(Sagittaria sagittifolia)* zeigt sich als submerse Pflanze mit langgestreckten, beinahe an Schilfarten erinnernden Blättern. Diese Art weist auf einen relativ hohen Nährstoffgehalt hin. Mitunter gibt es auch in beachtlichen Tiefen die völlig getauchte Wuchsform des Tannenwedels *(Hippuris vulgaris)*, dessen schmale Unterwasserblätter jeweils zu 8- bis 12-zähligen Wirteln angeordnet sind. Tannenwedel treibt, wenn es die Wassertiefe erlaubt, auch Überwasserblüten, kann sich jedoch wie zahlreiche submerse Pflanzen auch vegetativ vermehren. Besonders häufig sind im Bereich der submersen Blütenpflanzen Ähriges Tausendblatt *(Myriophyllum spicatum)* und Quirlblättriges Tausendblatt *(Myriophyllum verticillatum)* zu beobachten. Die erstgenannte Art besitzt kammförmig gefiederte Blätter in vierzähligen Quirlen und treibt winzige rötliche Unterwasserblüten. Das Ährige Tausendblatt gilt als eine konkurrenzstarke Pionierart, die neu geschaffene Gewässer rasch besiedelt. Quirlblättriges Tausendblatt hingegen bietet ein zierliches Erscheinungs-

Das Ährige Tausendblatt ist eine der häufigsten Blütenpflanzen unserer Binnenseen.

Blüte des Haarblättrigen Hahnenfußes in einem Meter Tiefe.

bild, die Blätter stehen in fünf- oder sechszähligen Quirlen und haben oft eine gelbgrüne Färbung. Vielfach findet man zwischen den verschiedenen submersen Blütenpflanzen auch Hornblattgewächse *(Ceratophyllaceae)*. Meist handelt es sich um das völlig untergetauchte wurzellose Rauhe Hornblatt, dessen gabelig geteilte Blätter sich rau und stachelig anfühlen. Diese Pflanze ist ein auffällig geschätzter Lebensraum für Süßwasserpolypen und Wassermilben. Obwohl Hornblattbestände überwiegend fest am Grund wachsen, ist ihnen ebenfalls ein Dasein im Freiwasser als Schwimm- und Schwebematte möglich.

Während Hahnenfußgewächse *(Ranunculaceae)* ebenfalls zum üblichen Artenbestand der submersen Makrophyten gehören, ist das Auftreten von Krebsscheren in tiefen Seebereichen eher eine Besonderheit. Krebsscheren *(Stratiotes aloides)* stehen in dem Ruf, in sehr flachen Seen zur Verlandung beizutragen. Dabei steigt die Pflanze normalerweise im Sommer aus geringer Tiefe an die Wasseroberfläche auf, blüht dort und sinkt für den Winter wieder an den Grund zurück. Jüngere Beobachtungen haben gezeigt, dass auch die Krebsschere völlig untergetaucht zu leben

vermag und im Sommer sogar schneeweiß unter Wasser blüht. Krebsscheren produzieren besonders viele schwer verrottende Reststoffe.

## Am Gewässerboden verwurzelte, aber an der Wasseroberfläche zu sehende Schwimmblattpflanzen

Verlässt man die Zone der reinen Unterwasserpflanzen, gelangt man in den Bereich der Schwimmblattpflanzen. Diese sind in der Regel im Gewässerboden fest verwurzelt, während die Schwimmblätter und -blüten auf der Wasseroberfläche zu sehen sind. Selbstverständlich gibt es hierbei keine scharfe Zonierung, durchaus können Armleuchter-

Die Wassernuss ist eine besonders selten gewordene Schwimmblattpflanze.

algen ebenso wie submerse Blütenpflanzen bis in Ufernähe und in geringen Wassertiefen leben. Wenn es jedoch einen deutlich ausgebildeten, dichten Schwimmblattgürtel gibt, so dominieren diese über den betreffenden Wassertiefen, da die getauchten Pflanzenbestände durch Beschattung benachteiligt sind.

Die bekanntesten Vertreter der Schwimmblattpflanzen sind die Gelbe Teichrose *(Nuphar lutea)* und die Weiße Seerose *(Nymphaea alba)*, aber wir finden in diesem Seebereich über 0,5–2,5 m Wassertiefe auch die gelbblühende Seekanne *(Nymphoides peltata)* aus der Familie der Fieberkleegewächse *(Menyanthaceae)* oder den Froschlöffel *(Alisma plantago-aquatica)*. Auch die artenreiche Familie der Laichkräuter ist mit Arten wie dem Knotigen Laichkraut *(Potamogeton nodosus)* oder dem Schwimmenden Laichkraut *(Potamogeton natans)* vertreten. Insbesondere in nährstoffreichen Gewässern kann Wasserknöterich *(Polygonom amphibium)* die Schwimmblattpflanzenzone völlig dominieren. In sehr wenigen Gewässern finden wir eine Schwimmblattzone aus Wassernuss *(Trapa natans)* vor.

Auf submersen Blütenpflanzen aufliegend, unter Schwimmblattpflanzen oder auch frei im Wasser treibend leben die interessanten Arten der Wasserschlauchgewächse *(Lentibulariaceae)*. Die Wasserschlaucharten haben haarfeine fadenförmige Blätter, an denen Fangblasen mit Klappe *(Utrikel)* sitzen. Die Pflanze baut in diesen Fangblasen einen Unterdruck auf. Sobald kleine Beutetiere wie Wasserflöhe die sinneshaarartigen Borsten an diesen Fangblasen berühren, werden sie in die Fangblase gesaugt. Wasserschlaucharten können die gefangenen Beutetiere mit eiweißlösenden Enzymen verdauen und daraus ihren Stickstoffbedarf decken. Obwohl die

Eine Fangblase dieses Wasserschlauches, der wurzellos im Wasser schwebt oder auf anderen Wasserpflanzen aufliegt, hat eine rote Wassermilbe erbeutet.

Pflanze nicht auf den Fangerfolg ihrer Utrikel angewiesen ist, kann sie auf diese Weise leichter existieren, insbesondere in nährstoffarmen Moorgewässern.

## Schwämme, Nesseltiere, Moostierchen und Egel

Neben solchen auffallenden und immer gern gesehenen Attraktionen der Süßwasserwelt wie blühenden Pflanzenfeldern oder lauernden Raubfischen existieren in diesem Lebensraum eine Vielzahl von Organismen, die auf den ersten Blick nicht auffallen. Sei es, weil sie besonders klein sind, verborgen leben, eine wirksame Tarnfärbung haben oder durch scheinbare Inaktivität einfach uninteressant erscheinen.

Die im Meer wesentlich artenreicheren **Schwämme** *(Porifera)* sind im Süßwasser durch die Familie *Spongillidae* vertreten. Schwämme sind als erwachsene Tiere zu keiner Ortsveränderung fähig und haften fest auf verschiedensten Unterlagen wie Hölzern oder Muscheln, ja sogar an Schilfstängeln. Oft bil-

Süßwasserschwämme haften an Althölzern, Schilf oder Steinen und entwickeln bizarre Formen.

Die Süßwassermeduse wird nur zwei Zentimeter groß und ist eine besonders seltene Beobachtung.

den Schwämme flachhöckerige Krusten aus, es können jedoch auch büschel- oder geweihförmige Gebilde entstehen. Schwämme haben im Innern ein System feinster Kanäle sowie ein einfaches Stützskelett aus Kieselsäurenadeln. Die Kanäle und Hohlräume im Schwamm sind mit Kragengeißelzellen ausgekleidet, welche einen ständigen Wasserstrom durch den Schwamm hindurch erzeugen und damit Nahrungspartikel, Kieselsäure und Atemsauerstoff herbeistrudeln. Aufgrund dieser Ernährungsweise sind Süßwasserschwämme beachtliche Filtrierer.

Der häufigste Süßwasserschwamm *Spongilla lacustris* kann bis zu einen Meter große vielzipfelige Kolonien aufbauen. Die Originalfarbe von Süßwasserschwämmen ist schmutzig-gelb bis braun. In gut durchlichtetem Wasser tragen Süßwasserschwämme jedoch häufig eine hellgrüne Farbe, welche auf einzellige Algen *(Pleurococcen)* zurückgeht, die sich im Schwamm ansiedeln.

Die **Nesseltiere** *(Hydrozoa)* sind im Süßwasser nur durch 16 Arten vertreten. Süßwasserpolypen leben bevorzugt in pflanzenreichen Seen, wo sie sich mit dem verbreiterten Ende ihres schlauchförmigen Körpers an Makrophyten oder Althölzer anheften und ihre von 4–20 Tentakeln umgebene Mundöffnung ins Wasser ragen lassen. Die Tentakel sind mit Nesselkapseln ausgerüstet, einem winzigen wirksamen Mechanismus, der lähmendes Gift in den Körper potentieller Beutetiere zu spritzen vermag. Süßwasserpolypen vertilgen Kleinkrebse, Würmer, diverse Insektenlarven und sogar frisch geschlüpfte Fische bzw. Fischlarven. Während im Meer zahlreiche Polypen wechselnde Medusen- und Polypengenerationen durchlaufen, ist das im Süßwasser nur für den Zwergpolyp *Microhydra ryderi LANK* bekannt. Der nur 2 Millimeter große Zwergpolyp kann durch Knospung in warmen Sommern Hydromedusen entwickeln. In sehr warmen Sommern treten die bis zu 20 Millimeter großen Schirme der Süßwassermeduse auf, die kurioserweise den eigenen wissenschaftlichen Namen *Craspedacusta sowerbii LANK* führt. Es ist eine interessante Unterwasserbeobachtung, einmal entdeckten Süßwasserpolypen beim Beutefang zuzusehen.

Weitere, beachtlich leistungsfähige Filtrierer sind die **Moostierchen** *(Bryozoa)*. Sie leben in Kolonien von tausenden von Einzeltieren.

Moostierchenkolonien bestehen aus tausenden flimmernden Einzelpolypen.

Oft lebt ein Individuum nur 3–5 Wochen. Äußerlich präsentieren sich Moostierchenkolonien als festsitzende Ranken oder kugelige Klumpen von farbloser bis blass-gelblicher Farbe. Moostierchen bestehen im Wesentlichen aus einem Weichkörper mit Darmkanal – der eine Chitinhülle haben kann – und der imposanten Tentakelkrone. Aktive Moostierchenkolonien scheinen regelrecht zu flimmern während der Arbeit dieser Unzahl winziger Einzelpolypen, die nach Algen, kleinen Zooplanktonformen und organischen Partikeln *(Detritus)* haschen. Taucher sehen häufig Kolonien des gallertigen Moostierchens *(Cristatella mucedo)*.

In mitteleuropäischen Binnengewässern finden wir rund 25 Arten von **Egeln** *(Hirudi-*

*nea)*. Oft leben die lichtscheuen Tiere nur im ersten Meter des Oberflächenwassers. Egel haben eine reich entwickelte Körpermuskulatur und sind ungeheuer dehnbar und beweglich. Auf festen Untergründen bewegen sich die Tiere spannerraupenartig fort, indem sie den vorderen und hinteren Saugnapf umsetzen. Zahlreiche Egel können jedoch auch gut schwimmen. Schlund- und Kieferegel verschlingen kleine Wassertiere bzw. reißen Stücke aus größeren Beutetieren, die anderen Egelarten saugen Blut aus ihren Beutetieren. Besonders häufig beobachtet man beim Tauchen den Rollegel *(Erpobdella octoculata)* sowie den auffallend rötlich gezeichneten Medizinischen Blutegel *(Hirudo medicinalis L.)*. Der Medizinische Blutegel ist mit 15 Zentimetern Länge der größte Egel. Er schwimmt sehr elegant. Ärzte vergangener Jahrhunderte verwendeten diesen Egel zum Aussaugen von Wunden und zum Aderlass.

## Muscheln und Schnecken

**Weichtiere** *(Mollusca)* sind eine einfach aufgebaute Tiergruppe, die schematisch aus Kopf, Fuß, Kiemen und einem hartschalenbedeckten Eingeweidesack besteht. Weichtiere erreichen im Meer eine unglaubliche Formenvielfalt, sind jedoch im Süßwasser nur durch Muscheln und Schnecken vertreten.

Etwa 30 Arten **Muscheln** *(Bivalvia)* bevölkern die europäischen Binnengewässer. Man unterscheidet die Familien Flussmuscheln, Flussperlmuscheln, Kugelmuscheln und Wandermuscheln. Die beiden Schalenhälften einer Muschel werden oben durch das Schlossband oder *Ligament* zusammengehalten. Obwohl man einheimische Muscheln oft zur Hälfte im Grund eingegraben beobachtet und ein stationär lebendes Tier vermuten könnte, verändern Muscheln durchaus ihren Standort. Einheimische Fluss- und Teichmuscheln verfügen über einen muskulösen Fuß, der durch das Einpumpen von Blut zwischen den geöffneten Schalen hindurch »ausgefahren« werden kann. Dieser Fuß kann – je nach Art verschieden – ins Bodensediment eingepresst werden und das Tier vorwärtsschieben oder per abgesondertem Schleim am Grund anhaften, worauf die Muschel nachgezogen wird. In stillen Seeregionen, deren Grund nicht von Wellenschlag beeinflusst wird, sind daher meterlange Furchen zu sehen, die von Muschelwanderungen herrühren.
Auch Muscheln filtrieren Wasser durch ihren Körper, um Sauerstoff und Nahrungspartikel

Muschel in Bewegung: Das Weichtier folgt dem fallenden Wasserstand seines Sees.

zu gewinnnen. So ist beispielsweise bekannt, dass eine handgroße Teichmuschel *(Anodonta cygnea)* etwa 30 Liter Wasser pro Stunde filtriert, während die nach Europa eingeschleppten und doch weit verbreiteten Wandermuscheln *(Dreissena polymorpha)* die höchste Filtrationsleistung einheimischer Muscheln haben, weil sie geeignete Hartsubstrate lückenlos flächendeckend überziehen. Manches versunkene Boot ist so zur Muschelbank geworden. Beim Tauchen ist häufig zu beobachten, dass sich selbst in trüben nährstoffreichen Seen über Dreissena-Muschelbänken eine 2,0–2,5 Meter starke Klarwasserschicht ausbildet. In geeigneten Lebensräumen kann man maximal einige 100 Flussmuscheln, aber bis zu 10 000 Dreissena je Quadratmeter Grund finden.

### Sessile Filtrierer
- Moostierchen, Schwämme und Muscheln sind Filtrierer.
- Mit verschiedenen Organen halten Filtrierer Kleintiere und schwebende organische Reste als Nahrung zurück und entnehmen dem Wasser gleichzeitig Atemsauerstoff.

Sumpfdeckelschnecken können ihr Gehäuse mit einem Deckel aus hornartigem Material verschließen.

**Schnecken** *(Gastropoda)* bewohnen nahezu alle Gewässertypen, nur in kalkarmem und sehr huminsäurehaltigem Wasser sucht man sie vergebens. Die Größe der Tiere, aber auch Form und Farbe der Schneckenhäuser sind je nach Wasserchemismus und Umweltbedingungen sehr verschieden. Beispielsweise werden die Häuser von Ohrschlammschnecken *(Lymnaea auricularia L.)* in nährstoffarmen Steinbruchseen nur etwa 1 Zentimeter groß, während die Häuser in günstigeren Gewässern 3 Zentimeter Durchmesser erreichen können.

Neben der erwähnten Ohrschlammschnecke beobachtet der Taucher oft Spitzschlammschnecken *(Lymnaea stagnalis)* dabei, kopfunter an der Wasseroberfläche entlang zu gleiten. Das Tier kriecht dann an einer am Oberflächenhäutchen des Wasserspiegels klebenden Schleimspur und sammelt Nahrungspartikel. Im Normalfall beweiden Schnecken die Algenrasen auf Wasserpflanzen, Hölzern und Steinen, wobei sie zielgerichtet nach dicken Belägen suchen. Dünne Beläge abzuraspeln verspricht offenbar zu wenig Energiegewinn.

Schlammschnecken *(Lymnaeidae)*, Tellerschnecken *(Planorbidae)* und Flussnapfschnecken *(Ancylidae)* zählen zu den Süßwasserlungenschnecken. Die erstgenannten beiden Familien steigen regelmäßig zur Wasseroberfläche auf, um atmosphärische Luft über ein Atemloch in die Mantelhöhle zu lassen. Flussnapfschnecken kommen völlig mit der Hautatmung aus, die auch die anderen beiden Familien der **Süßwasserlungenschnecken** über die Zeit der zugefrorenen Gewässer rettet.

Die restlichen Schneckenfamilien zählen zu den **Vorderkiemern** *(Posobranchia)*, d. h., sie benötigen keine atmosphärische Luft und atmen über einfachst gebaute Kiemen. Kiemenschnecken erkennt der Taucher sofort an ihrem Conchiolin-Deckel am Fuß. Wenn sich die Schnecke ins Gehäuse zurückgezogen hat, verschließt sie mit diesem hornartigen Deckel das Haus. Der Deckel ist sogar namensgebend für die Sumpfdeckelschnecke *(Viriparus viviparus)*. Während die übrigen Süßwasserschnecken je nach Art Laich oder Larven ins Wasser absetzen, ist die Sumpfdeckelschnecke die einzige lebendgebärende Schnecke unserer Tierwelt.

## Krebstiere

**Gemeinsame Merkmale** der **Krebstiere** *(Crustacea)* sind der Besitz von zwei Paar Fühlern oder Antennen, Kiemenatmung sowie die anatomische Gliederung in Kopf, Brust und Hinterleib. Häufig sind jedoch Kopf und Brust zu einem kompakten Krebspanzer (Chephalothorax) verschmolzen. Die Fortpflanzung erfolgt überwiegend zweigeschlechtlich. Zahlreiche Krebstiere sind für ihre gestielten Facettenaugen bekannt.

Viele winzige Krebstiere – vor allem **Wasserflöhe** *(Cladocera)*, **Ruderfüßer** *(Copepoda)* und **Muschelkrebse** *(Ostracoda)* – sind einerseits wichtige Fischnährtiere und spielen andererseits im Ökosystem See für die Vertilgung von Phytoplankton eine außerordentlich bedeutende Rolle. Besonders Wasserflöhe und Ruderfüßer bilden einen Teil des klassischen Zooplanktons. Die Kleinkrebse sind beim Tauchen durchaus wahrnehmbar, bilden sie doch bei Massenauftreten milchig flimmernde Schichten, welche Fotoarbeiten mit Blitzlicht erschweren und Bilder diffus werden lassen. Es ist jedoch kaum möglich, mit bloßem Auge eine Art zu erkennen. **Flohkrebse** *(Amphipoda)* sind beim Tauchen schon wesentlich deutlicher zu sehen, die verbreitetste Art *Gammarus pulex* wird bis zu 2 Zentimetern groß und ist bereits ein bizarres Fotoobjekt für Makrofreaks.

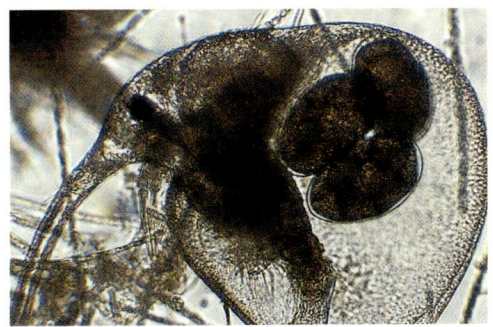

Blattfußkrebse sind nur ca. 1 Millimeter groß (hier eine Mikroskopaufnahme). Als Hauptteil des Zooplanktons sind sie wichtige Fischnährtiere.

Während Flohkrebse mehr hoch als breit sind und auch häufig auf der Seite liegend angetroffen werden, ist die Wasserassel *(Asellus aquaticus L.)* breiter als hoch, läuft behände an Wasserpflanzen auf und ab und ist sogar ein guter Schwimmer.

Die für Süßwasserbeobachtungen interessantesten Arten gehören alle zu den **Zehnfußkrebsen** *(Decapoda)*. Die ursprünglichste einheimische Flusskrebsart ist der **Edelkrebs** *(Astacus astacus)*, der in vergangenen Jahrhunderten Gewässer aller Typen bewohnte. Der Edelkrebs ist im Verhältnis zu anderen einheimischen Flusskrebsarten breit und wuchtig, er kann bis zu 25 cm lang und 250 Gramm schwer werden und hat auffällige rote Partien an Scheren und Gelenken. Durch Gewässerverunreinigung und die Pilzerkrankung *Aphanomyces astacii* (sog. Krebspest) sind die Edelkrebsbestände drastisch zurückgegangen und zählen praktisch zu den vom Aussterben bedrohten Arten.

Während Edelkrebse oft eine mehr rotbraune Farbe tragen, sind die **Sumpfkrebse** (auch Galizische Krebse, *Astacus leptodactylus*) deutlich graubraun gefärbt. Auch Sumpfkrebse sind eine einheimische europäische Krebsart, die sich – ursprünglich von Osteuropa kommend – weit verbreitet hat. Sumpfkrebse fallen durch sehr lange, schmale Scheren sowie einen schlanken, überaus beweglichen Hinterleib auf.

Der dritte im Bunde ist der **Amerikanische Flusskrebs** (auch Kamberkrebs, *Orconectes limosus*). Dieser Krebs wurde um 1890 durch den deutschen Fischzüchter VON DEM BORNE nach Europa gebracht und hat durch Besatz die verlassenen Lebensräume der einheimischen Krebsarten zum großen Teil in Besitz genommen. Amerikanische Flusskrebse sind an rötlichen Querbinden auf der Oberseite der Hinterleibsringe leicht zu erkennen. Wenn man sich mit der Unterwasserkamera Krebsen zu sehr nähert, nehmen einheimische Krebse eine der Linse zugewandte Drohhaltung mit erhobenen Scheren ein, während der Amerikanische Flusskrebs eher zu einer

Etwa im Oktober paaren sich die Amerikanischen Flusskrebse.

Schreckstellung mit unter den Körper geschlagenem Schwanz neigt. Der »Amerikaner« ist nicht nur gegen die Krebspest immun, sondern leider auch Dauerausscheider des Krebspesterregers *Aphanomyces astacii*. Vom Kamberkrebs bewohnte Gebiete können also, auch bei sich bessernder Wasserqualität, von den einheimischen Arten kaum zurückerobert werden.

### Krebstiere
- **Kleinkrebse** (Wasserflöhe) sind wichtige Fischnährtiere, die höchstens 2 Millimeter lang werden.
- **Flusskrebse** haben einen harten Panzer, der sie vor Feinden schützt. Dieser Panzer wächst nicht mit, so dass sich das Tier häufig häuten muss.
- Wenn der neue Panzer noch weich ist, sind Krebse durch Raubfische gefährdet und besonders scheu. Im Volksmund heißen diese Tiere »Butterkrebse«.
- Krebse sind eine Art »Gesundheitspolizei« im Gewässer, sie vertilgen tote Tiere und verhindern Fäulnis, Schimmel sowie übermäßige Sauerstoffzehrung im Tiefenwasser von Seen.

## Wasserspinnen, Wassermilben, Wasserwanzen und Käfer

Im Folgenden wird versucht, eine Kurzdarstellung jener Wasserinsekten zu geben, die als erwachsenes Vollinsekt *(Imago)* dauerhaft im Wasser leben. Es gilt, eine gewisse Abgrenzung zu jenen zahlreichen Insektenlarven zu erreichen, deren Imagines Landbewohner sind und die lediglich ihre Nachkommenschaft für eine gewisse Zeit dem Wasser anvertrauen.

Von allen Spinnen kann nur die **Wasserspinne** *(Argyroneta aquatica)* dauerhaft unter Wasser leben. Diese Spinne wird beim Tauchen häufig dann entdeckt, wenn sie zur Wasseroberfläche aufsteigt, um Luft zu schöpfen. Die Spinne nimmt dann atmosphärische Luft in ihr besonders fein verzweigtes Tracheensystem auf und befördert zusätzlich im dichten Haarkleid des Hinterleibs haftende Luftblasen mit unter Wasser. Für längere Unterwasseraufenthalte, Paarung, Überwinterung und Aufzucht des Nachwuchses baut die Wasserspinne mehrere Luftglocken aus feinem Gespinst an Althölzern oder in Wasserpflanzenverzweigungen.

**Wassermilben** *(Hydracarina)* sind so klein, dass man beim Tauchen keine Art bestimmen kann. Dennoch entdeckt man die leuchtend rot gefärbten Tiere leicht, wenn sie durch das Wasser schwimmen oder am Grund entlanglaufen. Alle Wassermilben sind aktiv jagende Raubtiere, die nach Kleinkrebsen und weichhäutigen Wasserinsektenlarven suchen. Unter den **Käfern** *(Coleoptera)* findet man in Europa nur wenige an das Wasserleben angepasste Familien. Die bekanntesten Wasserkäfer sind die Schwimmkäfer *(Dytiscidae)*, zu

Glänzend grün präsentiert sich ein ausgewachsener Gelbrandkäfer, der sich hier als Standort (und Fressplatz) den Laich des Grasfrosches ausgewählt hat.

denen auch der Gelbrandkäfer *(Dytiscus marginalis)* zählt. Dieser Käfer kann fast 4 Zentimeter Länge erreichen. Ein ausgewachsener Gelbrandkäfer ist ein äußerst fotogenes Tier, das unter Wasser jedoch vorsichtig und rasch agiert. Schwimmkäfer recken zur Luftaufnahme von Zeit zu Zeit die Hinterleibsspitze aus dem Wasser. Gelbrandkäferlarven werden bis zu 8 Zentimeter lang und gelten als die gefräßigsten Raubtiere im Wasser. Diese Larven überwältigen alle irgend schaffbaren Beutegrößen und eine einzige Gelbrandkäferlarve kann während ihrer Jugendstadien bis zu 900 Kaulquappen vertilgen.

Diese Gelbrandkäferlarve hat eine Kaulquappe erbeutet.

Neben dem Gelbrand sind der Teichschwimmer *(Colymbetes fuscus)*, der Furchenschwimmer *(Acilius sulcatus)* und der Gaukler *(Cybister lateralimarginalis)* die größten und auffälligsten einheimischen Wasserkäfer von rund 300 mitteleuropäischen Arten.

**Wanzen** *(Heteroptera)* fallen besonders durch einen schnabelartigen Stech- und Saugrüssel auf. Auf der Wasseroberfläche findet man die allseits bekannten Wasserläufer *(Gerridae)*, Teichläufer *(Hydrometridae)* und Stoßwasserläufer *(Veliidae)*. Für das ständige Leben unter Wasser sind vor allem die Ruderwanzen *(Corixidae)*, Schwimmwanzen *(Naucoridae)* und Rückenschwimmer *(Notonectidae)* gerüstet. Insgesamt kann man in aquatischen Lebensräumen des Binnenlandes etwa 70 Wanzenarten finden. Interessante Fotoobjekte sind vor allem die mit Atemrohr fast 12 Zentimeter messende bizarre Stabwanze *(Ranatra linearis)* und der Wasserskorpion *(Nepa cinerea)*. Insbesondere in Gewässern ohne Fische bzw. mit geringem Fischbestand beobachtet man eine sagenhafte Wasserinsektendichte, da der reduzierende Fischfraßdruck fehlt.

## Aquatisch lebende Insektenlarven

Neben den »echten« Wasserinsekten, die alle Entwicklungsstadien bis zum Vollinsekt im Wasser verbringen, gibt es eine ungeheure Vielzahl von aquatisch lebenden Insektenlarven. Das fertige Insekt *(Imago)* führt bei diesen Arten in der Regel ein mehr oder weniger kurzes Landleben, während die aquatischen Larven beziehungsweise Puppenstadien einen viel längeren Lebensabschnitt in Anspruch nehmen.

Bei den geradezu sprichwörtlichen **Eintags-fliegen** *(Ephemeroptera)* ist das Missverhält-nis besonders krass: Die larvale Entwicklung im Wasser dauert ein ganzes Jahr, das Leben als Vollinsekt nimmt lediglich 1–3 Tage in An-spruch. Voll ausgebildete Eintagsfliegen kön-nen weder laufen noch fressen, ihr einziger Daseinszweck ist das meist in den Abend-stunden stattfindende Paarungsspiel. Danach sterben die Männchen; die Weibchen schaf-fen gerade noch die Eiablage ins Wasser. Ein-tagsfliegenlarven sind überwiegend langge-streckte 1–2 Zentimeter große Insektenlarven mit sechs Beinen und zwei Fühlern am Kopf. Als besonderes Kennzeichen tragen die meis-ten Eintagsfliegenlarven sieben Paar blätt-chen- oder fächerförmige Tracheenkiemen auf der Oberseite des Hinterleibs. Außerdem besitzen die Tiere am Hinterleib jeweils drei mit Borsten besetzte Schwanzfäden, die un-gefähr noch einmal so lang sind wie der Kör-per der jeweiligen Larve.

**Steinfliegen** *(Plecoptera)* verbringen bis zu 3 Jahre als Larve im Wasser, wonach sie einem Landleben von 4–6 Wochen entgegen-sehen. Auch diese Tiere können sich an Land nicht vollwertig ernähren, sie nehmen als *Imago* nur Wasser auf und leben von Fettre-serven, die sie im Larvenstadium ansammel-ten. Für den oberflächlichen Betrachter kön-nen sich die sechsbeinigen Körper von Eintagsfliegen und Steinfliegen ähneln; aber: Steinfliegen tragen am Hinterleib nur zwei beborstete Schwanzfäden und sind so zu erkennen. Steinfliegenlarven benötigen sauer-stoffreiche klare Bäche als Biotop und sind typische Tiere von Mittelgebirgsbächen. Während die letztgenannten beiden Insekten-gruppen selten auffällig in Erscheinung tre-ten, sind die vielfarbigen, mit hörbarem Rascheln fliegenden **Libellen** *(Odonata)* je-

dermann gut bekannt. Libellen machen im Wasser bis zu 15 Larvenstadien durch und bei mancher Art kann diese Entwicklung 5 Jahre dauern, ehe das einen Sommer lang lebende Vollinsekt schlüpft. Libellen leben unter Was-ser wie an Land räuberisch.

Libellenlarven sind im Wasser lehmgelb bis schwarz gefärbt. Die Larven von **Kleinlibel-len** *(Zygoptera)* tragen am Hinterleib drei fla-che Schwanzblättchen, die sich deutlich von den drei Schwanzborsten der Eintagsfliegen unterscheiden. **Großlibellenlarven** *(Anisop-tera)* haben einen gedrungenen, wuchtigen Körperbau und besitzen am Hinterleibsende eine Pyramide, welche sich aus fünf Stacheln zusammensetzt. Charakteristisch für alle Libellenlarven ist die zweiteilige, wie mit einem Scharnier versehene Unterlippe. Die-ser mit dolchspitzen Endhaken versehene Apparat wird als Fangmaske bezeichnet und lässt kein Beutetier entkommen.

Bei genauem Hinsehen erkennt man die fünf Spitzen am Hinterleibsende der Groß-libellenlarve.

Des weiteren beobachtet man im Wasser die Larven der **Zweiflügler** *(Diptera)*. Während die am Wasserspiegel von Regentonnen hängenden Stechmückenlarven *(Culicidae)* sicherlich jedem aus den Kindertagen bekannt sind, ist die Artenzahl der verschiedenen Mücken *(Nematocera)* und Fliegen *(Brachyura)* zu umfangreich für eine Darstellung an dieser Stelle. Aus der Tauchpraxis heraus sei auch gesagt, dass die Beobachtung von Wasserkäfern oder Libellenlarven eine häufige und interessante Sache ist, während die Mücken- und Fliegenlarven selten zu sehen sind.

**Köcherfliegen** *(Trichoptera)* sind nur dem Namen nach Fliegen. Eigentlich stehen diese Tiere verwandtschaftlich den Schmetterlingen nahe und ein erwachsenes Tier hat etwa

Gespinst einer *Rhyacophila*-Köcherfliegenlarve.

die Größe einer Kleidermotte. Im Mitteleuropa sind ungefähr 300 Köcherfliegenarten bekannt, deren Larven zum großen Teil das Wasser bewohnen. Ihren Namen haben die Tiere von folgendem Verhalten: Die im Wasser lebende Larve verhüllt ihren weichen Hinterleib zunächst mit einem Seidengespinst, wofür sie große Mengen eines speziellen Sekrets absondern kann. Diese klebrige Hülle wird nach und nach mit Bausteinen aus der Natur verkleidet, so dass eine röhrenförmige Hülle entsteht. Die verschiedenen Trichopterenlarven haben charakteristische »Baustile«, oft kann man anhand des Baumaterials (z. B. Sandkörner, Steine, Zweige, Pflanzen-

teile) und der Bauart (unregelmäßige Köcher, wie gemauerte Köcher, spiralig gewundene Köcher etc.) die Art bestimmen. Köcherfliegenlarven fressen überwiegend Pflanzenteile, Algen und Detritus.

Die Trichopteren gehören zu den Wasserinsekten, die man als Taucher tatsächlich zu sehen bekommt, die aktiv an Pflanzen und Althölzern agieren und deren Beobachtung durch ihre Formenvielfalt auch Spaß bereitet. Der Vollständigkeit halber sei erwähnt, dass es auch Köcherfliegenlarven ohne Köcher gibt und einige wenige Arten sogar Fangnetze in strömende Gewässer bauen.

Auch die vierflügeligen **Schlammfliegen** *(Megaloptera)* sind mit den echten Fliegen kaum verwandt. Die Imagines leben bevorzugt in der Schilfzone von Seen. Schlammfliegenlarven – in Europa nur die Gattung *Sialis* – leben oft in größeren Tiefen. Die bizarren Tiere haben sieben Paar segmentierte behaarte Tracheenkiemen am Hinterleib und tragen einen behaarten Schwanzfaden. Eigelege von Schlammfliegen haften oft an Wasserpflanzen und erinnern von der Form her an dicht beieinander stehende Munitionshülsen, natürlich im Miniaturformat.

Nachdem nun zumindest die riesenhafte Artenzahl der aquatisch lebenden Insektenlarven erwähnt wurde, ist es beinahe erstaunlich, dass die **Schmetterlinge** *(Lepidoptera)* dem allgemeinen Trend zum Wasserleben nicht in dem Maße gefolgt sind. Als erwachsenes Tier lebt nur das flügellose Weibchen der Zünslers *(Acentropus niveus)* im Wasser, welches zur Paarung mit fliegenden Männchen den Hinterleib aus dem Wasser streckt. Zünslerlarven, insbesondere der Art *Nymphula nymphaeata L.,* leben an der Unterseite von Laichkräutern. Die raupenförmige Larve schneidet sich, sowie sie dazu kräftig genug ist, zur Tarnung zwei etwa elliptische Stücke aus Schwimmblättern heraus. Diese Blattstücke werden an den Längsrändern versponnen und dienen als eine Art Köcher. Zünslerlarven sind relativ auffällig, da die Blattstücke des Köchers kurz vor dem Schlüpfen des Schmetterlings bereits 3 mal 4 Zentimeter groß sind.

### Echte Wasserinsekten und aquatisch lebende Larven

- Es gibt Wasserinsekten – wie den Gelbrandkäfer –, die ihr ganzes Leben im Wasser verbringen, und
- aquatisch lebende Insektenlarven, bei denen das Vollinsekt (*Imago*) ein Landleben führt (z. B. Libellen).

## Rundmäuler und Fische

**Rundmäuler** *(Cyclostomata)* sind die ältesten kieferlosen Vorstufen unserer heutigen Fische und zugleich die einfachsten bekannten Wirbeltiere. Viele andere dieser Kieferlosen sind längst ausgestorben, im Süß- und Brackwasser lassen sich nur noch die Neunaugen beobachten.

Neunaugen sind durch einen schlanken, aalartigen und schuppenlosen Körper kenntlich. Sie haben ein ganz charakteristisches, mit Hornzähnen versehenes rundes Saugmaul. Ihr Name stammt übrigens daher, dass die im Profil sichtbaren sieben Kiemenöffnungen, das Auge und die Nasenöffnung auf jeder Seite des Tieres von Laien vergangener Jahrhunderte als neun Augen gedeutet wurden. Neunaugen treten als erwachsene Tiere *(Adulte)* nur zur Laichwanderung oder Paarung in Erscheinung. Das Flussneunauge *(Lampetra fluviatilis)* wandert zum Laichen aus dem Meer in Flussoberläufe. Nach dem Laichen sterben die Tiere, die ausschlüpfenden Larven heißen Querder und leben für 3–5 Jahre im Sediment des Laichgewässers. Junge Flussneunaugen kehren zum Fressen für eine Zeit ins Meer zurück, beim Bachneunauge *(Lampetra planeri BLOCH)* leben Querder wie Adulte ständig im Binnenland.

Die Fische des Süßwassers zählen alle zu den **Knochenfischen** *(Osteichthyes)*, da sie ein verknöchertes Skelett, Kiemendeckel und – überwiegend – eine Schwimmblase haben. Die einheimischen Fische des Binnenlandes verteilen sich wiederum auf mehrere Fischfamilien, der praktischen Einfachheit halber werden die Fische oft – weniger wissenschaftlich – in **Raubfische**, **Friedfische** und **Grundfische** unterteilt.

Raubfisch ist ein dehnbarer Begriff, der im Allgemeinen so gemeint ist, dass die betreffenden Arten andere Fische fressen. Beutefische vertilgende Raubfische heißen in der Hydrobiologie *piscivore* Arten. *Planktivore* Fischarten fressen demzufolge Kleinkrebschen und Phytoplankton, *herbivore* Fischarten machen sich sowohl über pflanzliches Plankton als auch Teile höherer Wasserpflanzen her. Schließlich gibt es die weniger auffallenden *benthisch* lebenden Fischarten, die Nahrung vom Grund nehmen – vom Algenbelag über die Zuckmückenlarve bis hin zu Schnecken und Muscheln. Obwohl also *planktivore* und *benthisch* lebende Fische keineswegs Vegetarier sind und durchaus verschiedenste andere Tiere fressen, gelten nur *piscivore* Arten als Raubfische, alle anderen werden als Friedfische zusammengefasst.

Der bekannteste und größte Raubfisch ist der Hecht *(Esox lucius)*, der oberflächennah in klarem Wasser tagsüber lauert. Hechte können bis 1,5 m lang werden und lassen sich oft

## Fische und ihre Beute
- **Piscivore Fische** fressen überwiegend Fische.
- **Planktivore Fische** vertilgen Plankton, wobei das tierisches und pflanzliches Plankton sein kann.
- Nur wenige Fische leben teilweise **herbivor,** fressen Teile von höheren Wasserpflanzen.
- **Benthisch lebende Fische** ernähren sich von Grundorganismen; die Palette reicht von Bakterien über Algen, Insektenlarven, Muscheln bis hin zu Fischen.
- Einteilungen nach der bevorzugten Nahrung sind nie absolut; Barsche fressen beispielsweise alles, und auch andere Arten können sich in gewissen Grenzen auf Notzeiten einstellen.

aus nächster Nähe betrachten, denn sie haben keine ebenbürtigen Gegner im Süßwasser. Während der Hecht die durchlichteten oberen und mittleren Wasserschichten bevorzugt, jagt der Zander *(Sander lucioperca)* überwiegend am Gewässerboden, meist in trübem tiefem Wasser. Weitere Raubfische der Bodenzone sind der Wels *(Silurus glanis)*, der Zwergwels *(Ictalurus nebulosus)*, der Aal *(Anguilla anguilla)* und die Aalquappe oder Trüsche *(Lota lota)*. Welse beobachtet man überwiegend in Flüssen und warmen schlammigen Seen. Trüschen bevorzugen kalte tiefe Seen und Fließgewässer. Bachforellen *(Salmo trutta f. fario)* und Äschen *(Thymallus thymallus)* können nur zum Teil als Raubfische angesehen werden, denn die von

Aalrutte (oben), Zwergwels (Mitte) und Hecht (unten) leben als Raubfische im See.

ihnen erbeuteten Groppen *(Cottidae)* und Schmerlenartigen *(Cobitidae)* sind nicht ihre Hauptnahrung. Der Barsch *(Perca fluviatilis)* ist der Allesfresser der Gewässer und wird ab 10–20 Zentimeter Größe zum Raubfisch. Barsche fressen große Mengen Jungfische und vertilgen auch zahlreiche Individuen der eigenen Art.

Unter den **Karpfenfischen** (auch Weißfische, *Cyprinidae)* entwickeln sich vor allem ältere Exemplare von Rapfen *(Aspius aspius)*, Döbel *(Leuciscus cephalus)* und Aland *(Leuciscus idus)* zu gefräßigen Raubfischen. Beutetiere sind meistens kleine Plötzen, Ukeleie, manchmal sogar Jungforellen.
Die meisten Weißfische sind sog. Friedfische und damit als die gejagten Beutefische im Wasser wesentlich scheuer, vorsichtiger und daher auch schwerer zu fotografieren als die Raubfische. Plötzen *(Rutilus rutilus)* ziehen meist in Schwärmen durch das Freiwasser und fressen Kleinkrebschen, eine Annäherung ist schwierig.
Moderlieschen *(Leucaspius delineatus)* leben oft ufernah in geringen Tiefen, wo sie pflanzliches Plankton suchen und auf ins Wasser stürzende Insekten lauern. Elritzen *(Phoxinus*

Moderlieschen bevölkern in großen Schwärmen das Flachwasser stiller Waldseen.

*phoxinus)* sind mittlerweile selten geworden, da sie sehr sauerstoffreiches Wasser benötigen. In allen anderen Belangen ist diese Art äußerst anpassungsfähig und wird von Alpenseen in 2000 m Höhe bis in den Schärengürtel der westlichen Ostsee beobachtet. Rotfedern *(Scardinius erythrophthalmus)* leben von Wasserpflanzenteilen und Kleintieren. Dieser Fisch wird häufig mit der Plötze verwechselt. Die goldgrünen Schleien *(Tinca tinca)* tragen eine Art Messingglanz an sich und gehören zu den fotogensten Fischen des Süßwassers.
Schleien mit ihrer charakteristischen Färbung und den abgerundeten schwarzen Flossen werden oft dabei angetroffen, dass sie senkrecht auf dem Kopf stehen und nach Beute wühlen. Gründlinge *(Gobio gobio)* sind gesellig lebende Grundfische, die vor allem nachts den Algenbelag von Hartsubstraten beweiden. Barben *(Barbus barbus)* können nur dort beobachtet werden, wo es möglich ist, im Stromstrich eines einigermaßen klaren Flusses zu tauchen. Der Ukelei *(Alburnus alburnus)* ist ein silbern glänzender schlanker Dutzendfisch, der in beinahe allen Binnengewässern anzutreffen ist. Güster *(Blicca bjoerkna)*, Blei *(Abramis brama)* und Karausche *(Carassius carassius)* gehören ebenso wie der Giebel *(Carassius auratus gibelio BLOCH)* zu den am Grund lebenden Karpfenfischen. Diese Fische haben darüber hinaus die Eigenschaft, mit sehr geringen Sauerstoffmengen im Wasser auszukommen. Der absolute Rekordhalter in Sachen Sparatmung ist die Karausche, die sogar eingegraben im Schlamm zeitweise austrocknender Gewässer überlebt. Im Lebensraum der Bleie wird häufig auch der Kaulbarsch *(Gymnocephalus cernua)* gesichtet, ein Kleintierfresser aus der Familie der Barschartigen.

Der Karpfen *(Cyprinus carpio)* ist der namensgebende Fisch der Weißfischfamilie. Der vollständig beschuppte Wildkarpfen wird kaum noch gefunden, häufig sieht man die Zuchtergebnisse Spiegelkarpfen, Zeilkarpfen oder Lederkarpfen in einheimischen Seen.

Ein ganz besonderes Verhalten unter den Karpfenfischen weist der Bitterling *(Rhodeus sericeus amarus BLOCH)* auf: Mittels einer besonders langen Legeröhre legt das Bitterlingsweibchen seine Eier in Teich- oder Malermuscheln ab. Das Männchen spritzt seinen Samen über die Muscheln, der mit dem Atemwasser eingesaugt wird. Die schlüpfenden Bitterlingslarven heften sich an die Kiemenlamellen der Muschel an und verlassen diesen schützenden Raum erst mit etwa einem Zentimeter Größe. Bitterlinge können ohne vorhandene Muscheln keine Nachkommen haben und sind bereits sehr selten.

## Lurche

Lurche *(Amphibia)* sind in unseren Seen nur in wenigen Arten anzutreffen. Häufig sichtet der Taucher Kaulquappen, die Larven der verschiedensten Frösche und Kröten. Alle Frösche, Kröten, Molche und Salamander laichen im Wasser ab, wobei nur die Hochzeit der Erdkröten Ende April ein auffälliges, leicht zu entdeckendes Schauspiel ist.

Krötenlaich ist häufig als schwarz gepunktete Doppelschnur im Flachwasser zu sehen, während Froschlaich als farbloser, unregelmäßig strukturierter Batzen von farblosen Eiern wahrgenommen wird.

Viele Frösche suchen im Sommer zeitweilig das Wasser auf, um ein Austrocknen ihrer Haut zu vermeiden. Nur der Bergmolch *(Triturus alpestris)* neigt dazu, ganzjährig im Wasser zu leben.

Erdkröten wandern im Frühling häufig schon verpaart in den See ein.

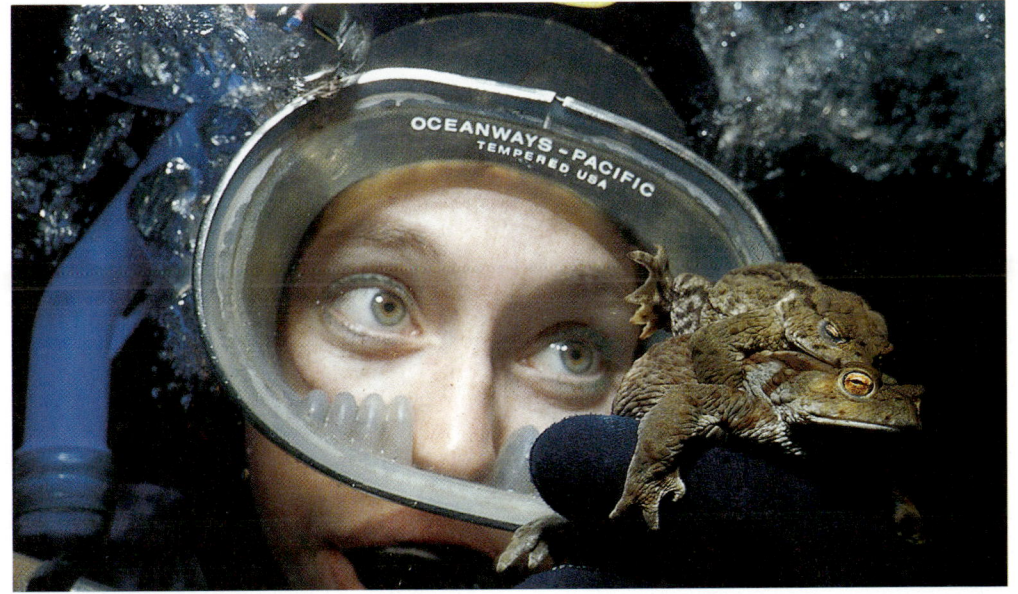

# Meeresbiologie

von Dr. Victor Petriconi

# Die ersten Lebewesen entstanden im Meer

Über den Ursprung des Meerwassers gibt es noch keine gesicherten Kenntnisse. Nach Meinung der Geowissenschaftler entstand es beim Abkühlen der Erde aus dem sich bildenden Gestein in Form von Dampf. Das älteste Ablagerungsgestein – gefunden in Westgrönland – ist 3,8 Milliarden Jahre alt, und man nimmt an, dass die ersten Ozeane, die sich aus dem »Ur-Dampf« kondensierten, vor 4 Milliarden Jahren zusammenflossen.

Mehr hingegen weiß man über die Herkunft des Salzes im Meer. Entgegen landläufiger Meinung, nach der es aus der Verwitterung über die Flüsse ins Meer gelangt sei und deshalb der Salzgehalt wegen der ständigen Verdunstung immer weiter steigen müsse, hat man zwei gegenläufige Prozesse erkannt: Einmal wird beim Einsinken von Gesteinsablagerungen in den geologischen Untergrund zusammen mit dem eingeschlossenen Porenwasser dem Meer fortwährend Salz entzogen, zum anderen wird mit dem Verwittern von Ablagerungsgestein ständig ebenso viel Salz dem Meer zugeführt. Bereits der Ur-Ozean war in dieser Hinsicht dem heutigen Meer ähnlich. In manchen erdgeschichtlichen Epochen war die Salzkonzentration sogar noch höher als heute. Der Salzgehalt des Meerwassers beträgt 34,7 ‰; das entspricht etwa zwei Esslöffel pro Liter. Das Seewasser enthält aber nicht nur Kochsalz (Natriumchlorid), sondern auch Magnesium, Kalium, Schwefel, Kalzium und viele andere Stoffe in geringen Mengen, ferner Spurenelemente. Bei der Salzgewinnung in Salinen wird das Kalium des bitteren Geschmacks wegen großenteils entfernt. Das Seewasser für Meeresaquarien wird zumeist synthetisch aus den Grundsubstanzen zusammengesetzt, für Tiere und Pflanzen ist es dem natürlichen gleich.

Süßwasserorganismen brauchen besondere Einrichtungen, die verhindern, dass Wasser in ihre salzhaltigen Zellen eindringt. Da jedoch

◁ Anemonenfische leben in Symbiose mit ihren Polypen. Die Fische nehmen in ihren äußeren Hautschleim die chemischen Stoffe auf, die normalerweise verhindern, dass sich die Fangarme gegenseitig nesseln. Bringt man die Fische für einige Zeit ohne ihre Anemone in ein Aquarium, werden sie danach, wenn sie erneut mit den Tentakeln in Kontakt kommen, empfindlich genesselt und müssen sich erst langsam immunisieren.

der Salzgehalt in den Körperzellen der meisten Meeresorganismen dem umgebenden Seewasser entspricht, ist es logisch, anzunehmen, dass die ersten Lebewesen im Meer entstanden sind.

Meerwasser enthält nicht nur Kochsalz, sondern ein Gemisch verschiedener Salze, unter denen allerdings das Kochsalz den größten Anteil hat. Die Menge entspricht etwa zwei Esslöffel pro Liter. Die allermeisten Tiere und Pflanzen sind an diese Salzkonzentration angepasst. Es gibt nur wenige Fische, die den Wechsel von Seewasser zum Süßwasser unbeschadet vertragen.

Der Sauerstoff, den unsere Atmosphäre heute zu 21 % enthält, ist im Wesentlichen aus dem Stoffwechsel der grünen Pflanzen mit Hilfe des Sonnenlichts entstanden (Photosynthese). Wir wissen, dass in den Lebensräumen des Ur-Ozeans Sauerstoff noch nicht oder nur in Spuren vorhanden war. Es könnten die ersten organischen Makromoleküle unter dem Einfluss der energiereichen ultravioletten Strahlung der Sonne, die damals noch nicht durch einen Ozonmantel abgeschirmt war, in sauerstoffarmer Umgebung entstanden sein. Auch heute noch gibt es am Meeresgrund Lebensräume ohne Sauerstoff und sogar Bakterien, für die Sauerstoff ein todbringendes Gift ist.

Wir finden im Meer eine ungeheure Vielfalt verschieden gestalteter Organismen, Pflanzen und Tiere, Bakterien, mikroskopische Pilze,

einzellige, im Plankton treibende Wesen, ein Heer von sog. »Niederen Tieren«, oft einfach als »Würmer« bezeichnet. Unsere Umgangssprache ist von alters her viel zu arm, um für die vielen kleinen, aber im Grundsätzlichen unterschiedlichen Tiergruppen eigene Namen bereitzuhalten, wobei der Begriff »Wurm« sich nur auf einen langgestreckten, gliedmaßenlosen und deshalb kriechenden Körper bezieht. Der innere Feinbau weicht bei den einzelnen Gruppen oft erheblich voneinander ab, aber gerade diese Unterschiede geben dem Biologen nicht selten Auskunft über Zwischenglieder einer Verwandtschaftskette. In vielen Büchern findet sich die Bezeichnung »Niedere Tiere«, wobei niemand so recht weiß, wo die Grenze zwischen »Niederen« und »Höheren« Tieren verläuft. Es sei denn, man zieht die Grenze willkürlich.

Schon vor mehreren hundert Jahren, als man noch von Geschöpfen sprach, haben die Menschen versucht, die Vielfalt der Organismen zu ordnen und für Pflanzen und Tiere eine Klassifikation, ein System zu entwickeln, das eine Übersicht aufgrund von vergleichbaren Merkmalen erlaubt. Man erkannte sehr bald, dass es nicht äußere Ähnlichkeiten sein kön-

Immer ein aufregendes Erlebnis: die Begegnung mit einem Hai, wie hier bei den Cocos-Inseln (Pazifik).

Als Bewohner von Korallenriffen des Roten Meeres und Indopazifiks kommt die Konvexe Steinkrabbe *(Carpilius convexus)* nur nachts heraus, wo sie mit ihren kräftigen Scheren Muscheln und Schnecken aufbricht.

nen, die einer solchen Klassifikation zugrunde liegen müssen, denn ein Delphin ist einem Hai viel ähnlicher als einem Pferd, und dennoch steht der Delphin als Säugetier dem Huftier verwandtschaftlich sehr viel näher als dem räuberischen Kiemenatmer.

Das Prinzip der Abstammungslehre, bei dem sich aus einfachen Lebewesen immer komplizertere und leistungsfähigere entwickeln, wurde von DARWIN 1858 zuerst als Theorie vorgetragen und ist im Laufe der letzten knapp eineinhalb Jahrhunderte vielfältig bewiesen worden und durch eine Fülle von versteinerten Funden (Fossilien) gut dokumentiert. Es lässt sich beobachten, dass die in einer Nachkommenschaft nach den Gesetzen des Zufalls abweichenden Individuen (Mutationen) entweder größere oder geringere Überlebens- und Fortpflanzungschancen haben, Eigenschaften, die, wenn sie sich über

Generationen verstärken, zu einer »natürlichen Zuchtwahl« und somit zur Weiterentwicklung führen oder im negativen Fall zum Aussterben. Eine genaue Kenntnis der Merkmale aller Tier- und Pflanzenkategorien erlaubt es uns, die Abstammung – die Evolution also – als zeitlich-geschichtlichen Ablauf in seinen Einzelschritten zu entschlüsseln. Besonders Tiere, die Hartstrukturen, Skelettteile, besitzen, wie Schwämme mit ihren Kieselnadeln, Korallen mit ihren typisch geformten, kalkigen Verästelungen, Weichtiere mit ihren Gehäuseschalen, Krebse mit ihren charakteristischen Panzern, sind uns seit dem Erdaltertum aus einer Ära, die über 500 Millionen Jahre zurückliegt, in oft lückenlosen Abfolgeketten bekannt. Häufig sind die Zusammenhänge nur sehr schwer zu enträtseln, und wie das Lesen der Schrift versunkener Völker erfordert das »Lesen« und Verstehen der Schichtenfolge mariner Ablagerungen und ihrer versteinerten Dokumente ein langjähriges Studium, und entgegen einem häufigen Einwand muss man nicht selbst dabeigewesen sein, um einen geschichtlichen Vorgang als real zu erkennen. Der Stammbaum der Wirbeltiere bis zu den heutigen Knochenfischen ist dabei nur ein Ast vom ganzen Lebensbaum.

Die Einteilung der einzelnen Tier- und Pflanzengruppen erfolgt nicht aufgrund von Ähnlichkeitsgraden, sondern entsprechend dem gleichartigen Muster ihres inneren Aufbaus.

# Das Meer
# als Lebensraum

Auf unserem Erdball sind rund 70 % der Fläche von Meerwasser bedeckt, und Atlantischer Ozean, Pazifik und Mittelmeer sind nicht etwa riesige Seen in einer geschlossenen Landmasse, sondern unsere Kontinente sind »Inseln« in einem einzigen, zusammenhängenden Meer. Doch obwohl dieser große, aquatische Lebensraum ein Ganzes bildet, ist er keineswegs einheitlich, sondern es lassen sich viele Teilbereiche erkennen, und zwar

Verbreitung von Korallenriffen in den Weltmeeren.

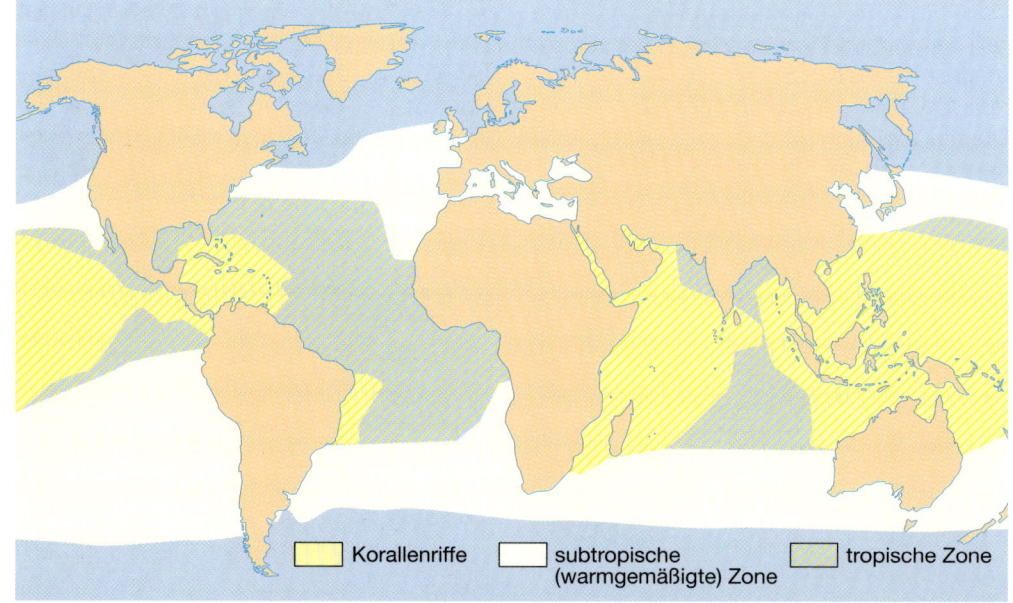

Korallenriffe    subtropische (warmgemäßigte) Zone    tropische Zone

nicht nur geographische Regionen – wie etwa Atlantischer oder Pazifischer Ozean oder arktische und tropische Meere.

Wer vom Strand oder von einem Schiff aus auf das unendlich erscheinende Meer schaut, von dem er vielleicht auch weiß, dass es irgendwo draußen mehrere tausend Meter tief ist, kommt leicht zu der Vorstellung, dass ein Fisch über diesen grenzenlosen Lebensraum frei verfügt, dass er sozusagen »überall« hinschwimmen kann. Dies ist jedoch keineswegs so. Zwar gibt es Fische, die auf der Hochsee sehr weite Areale durchziehen. Andere Arten, unter den Korallenfischen etwa, schwimmen ihr Leben lang auf einem einzigen Quadratmeter herum und nutzen nie die Weiten der Ozeane. Es gibt Tiere, die ihre Wohnhöhle fast nie verlassen, es gibt Flachwasserbewohner und solche der Tiefsee.

Bei genauerer Betrachtung lassen sich in dem Gesamtlebensraum Meer viele einzelne kleinere und größere, biologisch abgrenzbare, d. h. durch das Vorkommen bestimmter Pflanzen und Tiere gekennzeichnete Lebensräume (Biotope) unterscheiden – oft allerdings mit sehr fließenden Grenzen.

Durch eine überall im Tier- und Pflanzenreich herrschende Vermehrungsrate entsteht oft eine hohe Individuendichte und in ihrer Folge das, was man als »Populationsdruck« bezeichnet. Dies bedeutet, die im Überlebenskampf am besten Geeigneten drängen sich und füllen Einzellebensraum so weit wie möglich aus.

> Grob-ökologisch unterscheiden wir im marinen Lebensraum den des freien Wassers und den des Meeresgrundes. Beim Wasser können wir eine Tiefengliederung vornehmen, beim Meeresgrund zwischen Hart- und Weichböden unterscheiden.

## Das freie Wasser als Lebensraum: das Pelagial

Auch die Gesamtheit der freien Wassermassen lässt sich gliedern. Meistens geschieht dies durch bestimmte Tiefenmarken. So wird der Wasserkörper, der sich über dem Festlandsockel rund um unsere Kontinente befindet und bis in eine Tiefe von etwa 200 m reicht, der Tiefsee gegenübergestellt. Die Tiefsee selbst, das Reich der ewigen Nacht, wird ihrerseits in verschiedene Etagen eingeteilt und reicht etwa bis 5000 m, an einzelnen Stellen bis 11 000 m, ist also erheblich tiefer als der höchste Berg der Erde hoch ist. Siehe hierzu auch die Grafik auf Seite 64.

Meerestiefen von 0–200 m, die sog. Schelfmeere, erstrecken sich über den Kontinentalsockeln, großen Platten der Erdkruste, über die unsere Kontinente aus dem Wasser ragen. Dieser submarine Gürtel ist unterschiedlich, im Allgemeinen einige Kilometer breit. An seiner Peripherie fällt er ziemlich steil in die Tiefsee ab. Aber auch größere Meere wie Nord- und Ostsee zählen zu den Schelfmeeren. Im Gegensatz zu dem ozeanischen Bereich, dem Bereich jenseits der Schelfkante, unterliegen die Schelf- oder Kontinentalmeere noch Einflüssen des Festlandes, wie zum Beispiel Eintrag von Feinsedimenten – oder auch Schadstoffen – aus den Flüssen.

Von der gesamten Meeresoberfläche stellen die Schelfmeere (bis ca. 200 m Tiefe) nur 7,8 % dar, d. h. der schmale, bis etwa 50 m tiefe Saum um die Küsten, der durch Freitaucher erkundet werden kann, ist ein winziges Areal, nicht zu vergessen, dass weite Gebiete der Zirkumpolaren Meere (einschließlich Grönland, Eismeer, Antarktis) praktisch nicht zählen.

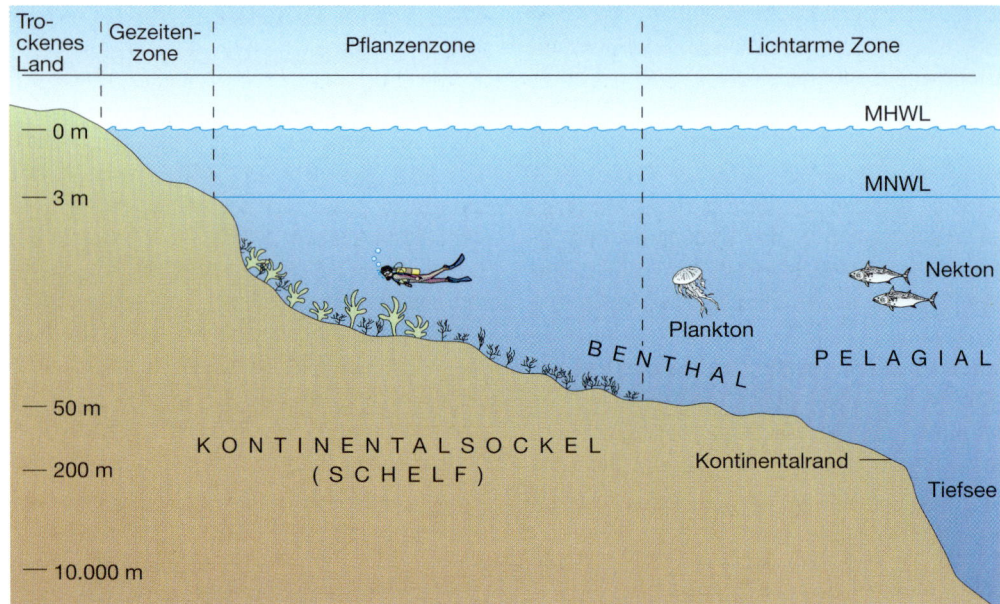

Profil einer Meeresküste. Vom trockenen Land bis zur Tiefsee wird der Meeresgrund in verschiedene Zonen eingeteilt. Der Gezeitenhub ist an den Küsten sehr unterschiedlich: MHWL = Mittlere Hochwasserlinie; MNWL = Mittlere Niedrigwasserlinie.

## Lebewesen des freien Wassers (Nekton und Plankton)

Das freie Wasser, der Lebensraum zwischen Oberfläche und Grund, ist global gesehen Heimat von zwei durch ihre Fortbewegungsweise gekennzeichneten Organismengruppen. Die eine, die sich vornehmlich aktiv durch Schwimmen fortbewegt – z. B. die Fische –, wird in ihrer Gesamtheit mit dem ökologischen Fachbegriff als das **Nekton** bezeichnet. Die andere Gruppe von Lebewesen, deren aktive Bewegung keine nennenswerte Rolle spielt, die sich also hauptsächlich passiv bewegt bzw. durch lokale oder weiträumige Meeresströmungen verdriftet wird, ist in ihrer Gesamtheit das **Plankton** (altgriechisch: das Umhertreibende).

Zum Plankton gehören mikroskopische, pflanzliche und tierische Einzeller, aber auch große Quallen (in der Arktis bis 2 m ⌀). Entscheidend für die Zugehörigkeit zum Plankton ist nicht die Größe der Lebewesen, sondern die Art ihrer Fortbewegung. Oft wird – auch von Biologen – der Begriff »Plankton« ungenau auf das »Mikroplankton« beschränkt. Tatsächlich umfasst er jedoch von den Bakterien über mikroskopische Algen, Schneckenlarven, Kleinkrebse wie Wasserflöhe, Garnelen bis zu den Quallen alles, was treibt und schwebt.

Nicht zum Plankton gehören alle möglichen, das Wasser trübende Materialien abgestorbener oder anorganischer Natur, wie sie bei Seegang vom Grund aufgewirbelt oder durch

Die Weißband-Putzergarnele *(Lysmata amboinensis)* ernährt sich von Parasiten und Hautfetzen ihrer Wirtsfische, denen sie ihren Putzerdienst mit bestimmten Bewegungen ihrer auffälligen Fühler anbietet.

Flüsse oder Regen ins Meer verfrachtet werden können.

**Pflanzen und Tiere des Planktons** sind in ihrer Gesamtheit ein wichtiges Bindeglied zwischen Bodenbewohnern und den übrigen Lebewesen des freien Wassers.

Bei der Blauen Wurzelmundqualle *(Cephea octostyla)* ist die Mundöffnung bis auf feine Kanäle zugewachsen, so dass sie sich nur von einzelligen Planktonorganismen ernähren kann. Da Nesselzellen fehlen, halten sich oft kleine Fische in ihrer Nähe auf.

Die Grenze zwischen Plankton und Nekton ist nicht immer scharf zu ziehen, einmal weil es hinsichtlich der Bewegungsgröße einzelner Tiere oder Tiergruppen natürlich fließende Übergänge gibt, zum anderen kann beispielsweise ein Fischei, das während seiner frühen Entwicklungsphase passiv umhertreibt und somit eindeutig dem Plankton angehört, nach dem Schlüpfen des Jungtieres erst mit unbedeutenden Bewegungen, dann mit immer stärkerem Vorwärtsschwimmen das Plankton als funktionell-ökologische Einheit verlassen und fortan zum Nekton gehören.

Aus den genannten Größenunterschieden innerhalb des Planktons zwischen wenigen Mikrometern, Millimetern, Zentimetern und mehr wird ferner deutlich, dass, indem immer die Größeren die Kleineren fressen, sich über zahlreiche Räuber-Beute-Beziehungen vielgliedrige Nahrungsketten eingependelt haben. Auch sind alle festsitzenden *(sessilen)* Pflanzen und Tiere – Lebewesen des Meeresgrundes also – über frei umhertreibende »planktische« Fortpflanzungsstadien mit dem Lebensraum des freien Wassers verknüpft. Und da das Plankton mit seinen verschiedenen Größenfraktionen Nahrungsgrundlage für praktisch alle Fische, zumindest während einer bestimmten Entwicklungsphase, darstellt, ist eine enge Verzahnung auch zur Gesamtheit des Nektons, also aller größeren, sich aktiv bewegenden Tiere des freien Wassers, gegeben.

Kurz, das Plankton ist nicht irgendwelches, kaum sichtbares und deshalb weniger wichtiges »Kleinzeug«, sondern es ist zentrale Schaltebene des gesamten marinen Ökosystems. Beeinträchtigungen des Planktons durch Schadstoffe etwa bringen deshalb das Ökogefüge in seiner Gesamtheit aus dem Gleichgewicht; stirbt das Plankton, stürzt das System ab.

Trübungen im Wasser, die dem Taucher oft die Sicht mindern, können durch aufgewirbelten Bodengrund oder andere eingeschwemmte Stoffe verursacht werden. Auch das Plankton kann gelegentlich stören. Diese mikroskopischen, treibenden Lebewesen stellen eine zentrale Schaltebene im gesamten aquatischen Ökosystem dar. Zu dieser Kleinstlebewelt gehören auch die Verbreitungsstadien von Pflanzen und Tieren. Auch sind sie andererseits Nahrungsgrundlage für viele andere Organismen. Das Plankton ist ein wichtiges Glied in der Nahrungskette.

## Der Meeresgrund als Lebensraum: das Benthal

Genau genommen reicht der Meeresgrund von der obersten Spritzwasserlinie eines Küstenfelsens – von da, wo die oberste Seepocke sitzt – bis in die Abgründe der Tiefsee in einigen tausend Metern. Natürlich lässt sich ein so weit gespanntes Profil sinnvoll gliedern, wobei eine einfache Einteilung in verschiedene Tiefenstufen nach Maßeinheiten des Menschen etwa sehr künstliche Schnitte ergäbe. Sie entsprächen nicht den natürlichen Gegebenheiten. Vielmehr lassen sich bestimmte Zonen erkennen, die durch äußere Faktoren wie Wasserbewegung, Gezeiten und, je tiefer wir gelangen, durch das abnehmende Tageslicht, beeinflusst werden. In diesen Zonen des küstennahen Meeresgrundes *(Litoralzonen)* lassen sich einzelne abgrenzbare Lebensräume bestimmter Pflanzen und Tiere erkennen.

### Die Küstenzonen (Litoralzonen)

Nähert man sich vom Land kommend einer Meeresküste, so führt dies über eine meist **vegetationsarme Zone,** einen Strandbereich, in dem die gewohnten Binnenlandpflanzen wegen des unmittelbaren Salzwassereinflusses nicht mehr gedeihen und wo andererseits typische Meeresalgen noch nicht wachsen können *(Supralitoral).*

Hierauf erreicht man die **Gezeitenzone** *(Eulitoral),* einen Küstenstreifen, der einen Grenzbereich zum Meer darstellt, indem er zeitweise »trockenes Land« sein kann, nach wenigen Stunden jedoch überflutet ist, manchenorts mehrere Meter tief unter Wasser liegt und somit eindeutig »Meeresgrund« ist. Diese Gezeitenzone kann je nach geographischer Lage, örtlicher Bodenbeschaffenheit und dem Neigungswinkel der Küste ganz verschiedenartig ausgeprägt sein. Bei großen Unterschieden zwischen Hoch- und Niedrigwasser und sehr flach verlaufendem Küstenprofil spricht man von Watt bzw. Wattenmeer. Bekannt ist das über viele Kilometer ausgedehnte Schlickwatt der deutschen Nordseeküste. An felsigen Küsten findet sich vielfach ein ausgeprägtes Felswatt wie an der südfranzösischen Atlantikküste und weiten Bereichen der britischen Küste. Pflanzen und Tiere müssen in hohem Maße an das regelmäßige Trockenfallen angepasst sein. Besonders im Sommer kann es an Tagen mit starker Sonneneinstrahlung und zusätzlichem Wind zu erheblichem Austrocknen kommen. Man findet daher besonders im oberen Gezeitengürtel, d. h. der Zone mit besonders langen Trockenzeiten, dass z. B. Krabben, genauer Kurzschwanzkrebse *(Carcinus maenas* an der Nordsee, *Pachygrapsus marmoratus* am Mittelmeer),* entsprechend den Gegebenheiten bestrebt sind, Schutz unter Tangen oder in Felsspalten zu suchen, oder sie graben sich bis in die feuchten Schichten im Sand ein. Aber auch gegen ausgedehnte Regengüsse mit der damit verbundenen Aussüßung des engeren Lebensraumes müssen Pflanzen- und Tierwelt dieser Zone angepasst sein.

## Die Gezeiten

Die Gezeiten (niederdeutsch: Tiden) sind für Pflanzen und Tiere an vielen Küsten lebensbestimmend. Für den Menschen, der an Stellen mit großen Gezeitenschwankungen taucht, sind einige Grundkenntnisse hierüber wichtig, nicht zuletzt, weil ein unerwartet einsetzender Gezeitenstrom einen Taucher samt seiner Ausrüstung mit außerordentlicher Kraft über den Grund ziehen kann, so dass ein Festhalten oder gar Anschwimmen dagegen oft nicht möglich ist.

Ursache für das Auftreten der Gezeiten sind die Anziehungskräfte von Mond und Sonne sowie die Zentrifugalkräfte von Erde und Mond. Durch diese Kräfte kommt es auf der Erde jeweils auf der dem Mond zugewandten sowie der entgegengesetzten Seite zu einem »Wasserberg« (s. Abb.).

Durch die Anziehungskräfte von Mond und Sonne sowie durch die Zentrifugalkräfte von Erde und Mond kommt es auf der dem Mond zugewandten wie auch auf der ihm abgewandten Seite zu einem »umlaufenden Wasserberg«.

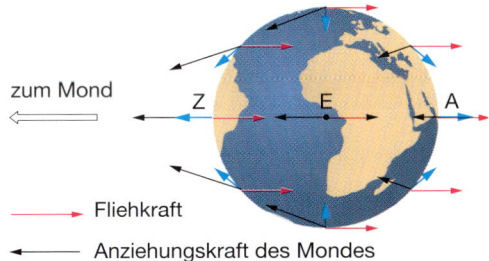

zum Mond

Z    E    A

— Fliehkraft

— Anziehungskraft des Mondes

— Gezeitenerzeugende Kraft

Z = mondzugewandte Stelle
A = mondabgewandte Stelle
E = Erdmittelpunkt

Der Mondumlauf bringt es mit sich, dass (theoretisch) jeder Punkt auf der Erde täglich zwei Gezeiten erlebt. Die Gestalt der Kontinente jedoch, Reibungskräfte zwischen Wasser und dem Meeresboden, unterschiedliche Meerestiefen, Trägheit der Wassermassen und zahlreiche andere Kräfte bewirken ein kompliziertes Muster schwankender Gezeitenhöhen. Hierbei schwingen die einzelnen Ozeanbecken durchaus unterschiedlich. Atlantik und Indischer Ozean zeigen das uns vertraute Muster der halbtägigen Tide. In anderen Meeren verlaufen die Gezeiten anders.

- **Ebbe** ist das Fallen des Wassers von einem Hochwasser bis zum folgenden Niedrigwasser.
- **Flut** ist das Steigen des Wassers von einem Niedrigwasser bis zum folgenden Hochwasser.
- **Hochwasser** (HW) ist der höchste Wasserstand einer Gezeit beim Übergang vom Steigen zum Fallen.
- **Niedrigwasser** (NW) ist der niedrigste Wasserstand zwischen zwei aufeinander folgenden Gezeiten beim Übergang vom Fallen zum Steigen.
- **Gezeitenhub** (= Tidenhub) ist der rechnerische Mittelwert zwischen dem Ansteigen und Fallen des Meeresspiegels, er gibt, vereinfacht gesagt, den Unterschied zwischen Höchst- und Tiefststand an. Der Tidenhub ändert sich von Tide zu Tide.
- **Höhe der Gezeit** ist ein Wasserstand, der (in Deutschland) auf das örtliche Seekarten-Null bezogen ist. Er wird in Meter oder (im angelsächsischen Sprachraum) in Faden (1 fathom = 1,83 m) angegeben.

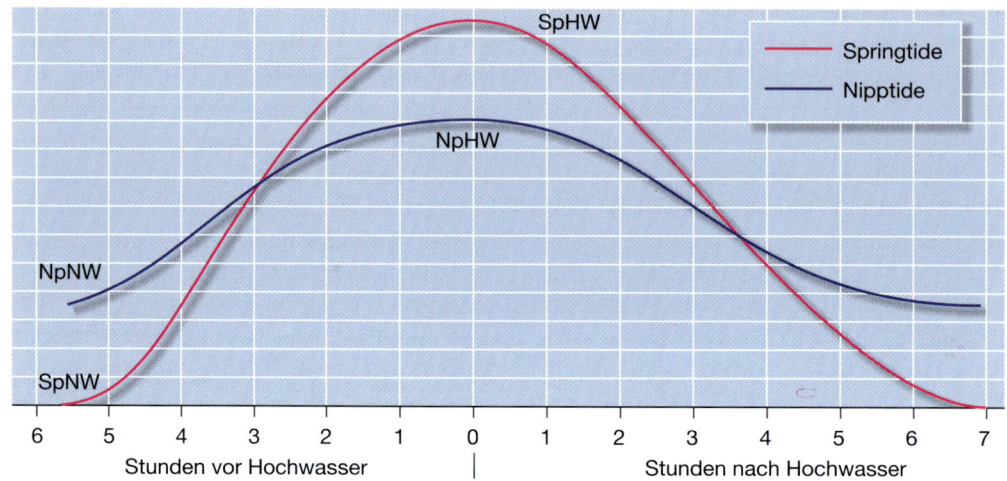

Allgemeine, vereinfachte Darstellung einer Gezeitenkurve; die Kurve stellt theoretisch
eine Sinuskurve dar. Durch örtliche Gegebenheiten (Küstengestalt und Untergrund)
kann es im Kurvenverlauf zu Abweichungen kommen.
- SpHW = Springhochwasser
- SpNW = Springniedrigwasser
- NpHW = Nipphochwasser
- NpNW = Nippniedrigwasser

Addieren sich die Kräfte von Sonne und
Mond (bei Vollmond und Neumond), ziehen
sie größere Wassermassen an, d. h. der »Wasserberg« wird höher, wir sprechen von
Springtide. Bei einer 90°-Stellung des Mondes
zur Achse Erde-Sonne steigt das Wasser weniger (Nipptide).
Trägt man die Schwankung der Meeresspie-
gelhöhe gegen die Zeit auf (s. Abb. oben), so
erhält man eine Sinuskurve, die, wenn sich
Anziehungskräfte von Sonne und Mond addieren (bei Vollmond und Neumond) eine
größere Schwingungshöhe (Springtide) aufweist, oder bei einer 90°-Stellung des Mondes zur Achse Erde–Sonne (bei Halbmond also) eine geringere (Nipptide). Wir haben demnach bei Springtide (ungenau: Springflut) ein
besonders hohes Hochwasser und besonders
niedriges Niedrigwasser. Bei Nipptide hingegen haben wir ein besonders niedriges Hochwasser und ein vergleichsweise hohes Niedrigwasser. Als »Springzeit« bezeichnet man
den Zeitraum von 2 Tagen vor höchstem Tidenhub bis 2 Tage nach höchstem Tidenhub,
als »Nippzeit« den Zeitraum von 2 Tagen vor
niedrigstem bis 2 Tage nach niedrigstem Tidenhub. Bei Halbmond haben wir immer
mittlere Verhältnisse.
Da nun ein Mondumlauf ca. 50 Minuten länger dauert als ein Erdentag, treten Hoch- und
Niedrigwasser von Tag zu Tag jeweils um diese Zeitspanne später ein. Durch die Gestalt
der Kontinente, die sich dem ständig rund
um unseren Planeten »vom Mond nachge-
schleppten umlaufenden Wellenberg« in den
Weg stellen, kommt es zum Beispiel entlang

der afrikanisch/europäischen Westküste vom Kap der Guten Hoffnung bis hin zur deutschen Nordsee (und weiter) zu einem immer größeren »Nachhinken« der Zeit des höchsten Tidenstandes – und somit natürlich der gesamten Gezeit. Diese Verspätung wird als »Springverspätung« bezeichnet. Sie beträgt beispielsweise an der Nordsee 3 Tage. Größter Tidenhub (unrichtig: Springflut), d. h. höchstes HW und tiefstes NW, zeigen sich daher nicht bei Voll- bzw. Neumond, sondern jeweils 3 Tage danach.

Zur Berechnung der Gezeiten werden Gezeitentabellen verwendet, die von fast allen Nationen für Schifffahrt und Ozeanographie herausgegeben werden. Sie erscheinen zum Gebrauch für die Dauer von jeweils einem Jahr. In diesen Gezeitentafeln sind Zeit und Höhe der Tiden für alle wichtigen Küstenorte (sog. Bezugsorte) angegeben. Für eine wesentlich größere Anzahl von Orten (Anschlussorte) lassen sich die Gezeiten durch entsprechende Zwischenwerte berechnen. Da den Gezeitentafeln der einzelnen Länder teilweise verschiedene Ausgangswerte zugrunde liegen, ist bei ihrer Verwendung besonders zu beachten, ob die Angaben in UTC (Universal Time Coordinated = Koordinierte Weltzeit) oder in Ortszeit, z. B. MEZ (= Mitteleuropäische Zeit = UTC + 01 h) vorliegen. (Bei manchen vereinfachten Tabellen, wie sie von Bäderverwaltungen oder der Sonnencremewerbung herausgegeben werden, ist Vorsicht geboten, da sie manchmal weder die Sommerzeit berücksichtigen noch statt für den ausgewiesenen Ort für einen u. U. weit entfernten Bezugsort gelten!)

Die Höhenangaben in den deutschen Gezeitentafeln beziehen sich wie die Tiefenangaben in den Seekarten deutscher Herkunft auf das sog. Seekarten-Null, d. h. auf mittleres Springniedrigwasser. In englischen Karten und Gezeitentafeln sind Wassertiefen in Faden (1 fathom = 1,828 m) und Fuß (1 foot = 30,48 cm) angegeben. Ebenso beziehen sich viele ausländische Karten und Tafeln nicht auf das mittlere Springniedrigwasser (MSpNW), sondern auf das niedrigstmögliche Niedrigwasser. In französischen Gezeitentafeln beziehen sich alle Höhenangaben auf den Hafen Brest.

Der Gezeitenhub innerhalb und außerhalb Europas kann eine sehr unterschiedliche Größe darstellen. Während er in einem Nebenmeer wie dem Mittelmeer eine unbedeutende Rolle spielt – weil Zu- und Abfluss durch die Straße von Gibraltar, der einzigen und engen Verbindung zum Atlantik, nur langsam erfolgen können –, beträgt der Höhenunterschied an der deutschen Nordsee ca. 2,5 m, in Nordfrankreich (St. Malo) über 12 m (an bestimmten Stellen der nordamerikanischen Küste über 14 m!).

Die gewaltigen Wassermassen, die sich bei einem Gezeitenhub von mehreren Metern zweimal täglich hin- und zurückbewegen, machen einerseits die starken Gezeitenströme und die hiervon abhängende Beschaffenheit und Zusammensetzung des Bewuchses auf solchen Meeresgründen verständlich, andererseits erklären sie auch die auf sandigen oder schlammigen Gründen regelmäßig auftretende Trübung.

Bei der Planung eines Tauchganges in Gegenden mit hohem Gezeitenunterschied ist der Zeitpunkt des Stillstandes des Gezeitenstroms (sog. Stillwasser) – und hier der Wechsel von NW zu HW – zu wählen, da sich dann ein eventuell einsetzender Tidenstrom landeinwärts bewegt. In Inselrevieren und in der Nähe von Flussmündungen stimmen die Zeiten der Stromumkehr (Kenterpunkte) nicht immer mit den Tabellenwerten überein. Gezeitenströme können sehr plötzlich mit großer Stärke einsetzen. In jedem Fall muss man Ortskundige (Hafenämter, Tauchbasen, Segel- und Surfschulen) befragen.

**Achtung:**
- Auf- oder ablandige Winde können je nach Stärke die Auswirkungen von Ebbe und Flut abschwächen oder verstärken.
- Plötzlich auftretende Gezeitenströme können sehr gefährlich sein. Sie sind aber vorhersehbar und man kann Ortskundige befragen.

## Der Meeresgrund im eigentlichen Sinn: das Sublitoral

Unterhalb der Niedrigwasserlinie folgt die Zone, die immer überflutet ist: das Sublitoral. Diese Zone, die von der untersten Niedrigwasserlinie bis zur Schelfkante in ca. 200 m Tiefe reicht – der Grund der Küstenmeere also –, lässt sich, grob gesagt, in zwei Bereiche einteilen: den noch von der Sonne durchlichteten Bereich, in dem Pflanzenwachstum möglich ist – die Hellzone oder das *Phytal* –, und in eine tiefe Zone, in der das Restlicht für ein Gedeihen von Algen nicht mehr ausreicht. Es ist leicht einzusehen, dass die Tiefe, in die das Sonnenlicht noch einzudringen vermag, in direktem Maße von der Trübung, d. h. von der Menge der im Wasser schwebenden mikroskopischen Partikel, abhängt. So findet die gesamte vielzellige Algenvegetation zum Beispiel in der Nordsee bei Helgoland ihre Grenze bei 15 m, in Nordfrankreich bei 45 m und rund um die Mittelmeerinsel

Korsika bei 120 m. In einem tropischen Meer wird in dem extrem klarsichtigen Wasser so wenig Licht verschluckt, dass Algenwuchs noch in einer Tiefe von 268 m möglich ist. Und da riffbildende Korallen nur in enger Lebensgemeinschaft mit eingelagerten einzelligen Algen vorkommen, ist auch das Leben dieser Korallen vom einfallenden Sonnenlicht abhängig. Korallenriffe gedeihen daher im Allgemeinen nicht in Tiefen unterhalb der 50-m-Grenze.

Im Vergleich zum freien Wasser ist der Meeresgrund sehr viel abwechslungsreicher und vielfältiger, d. h. der Artenreichtum der Lebewesen, die den Meeresgrund besiedeln, ist ungleich größer.

Der Meeresgrund kann von seiner Beschaffenheit her sehr unterschiedlich gestaltet sein. Dementsprechend unterschiedliche Tiere müssen wir erwarten.
- Man unterscheidet Hartböden und Weichböden.
- Auch Hafenmauern und Schiffswracks sind für viele festsitzende Tiere und Algen willkommene Hartsubstrate, an denen sie sich festsetzen können.

### Hartböden

Zu den Hartböden zählen zusammenhängende Felsgründe, bei denen es wegen zu starker Wasserbewegung oder entsprechender Neigung nicht zur Ablagerung von Sand kommt. Es können mehr oder weniger steile Felsflächen sein oder auch senkrecht verlaufende Wände. Hier sind besonders flache oder tiefere Nischen oder auch nur einfach Löcher von Bedeutung, weil sie Tieren als Schlupfwinkel dienen können. Risse, Spalten und Klüfte können sich zu Höhlen erweitern, in die ein

Die Fächer der oft farbenprächtigen Horn-korallen wachsen stets so, dass ihre Breitseite in die Hauptströmung gerichtet ist. Dies erlaubt ihren tausenden Einzelpolypen das Planktonangebot maximal zu nutzen.

Tierischer Aufwuchs. Seescheiden, Korallen und Schwämme konkurrieren um Besiedlungs-flächen auf dem Untergrund, dazwischen ein Schlangenstern – und alle ernähren sich vom Plankton.

oder mehrere Taucher unter entsprechenden Vorsichtsmaßnahmen eindringen können.

Zu den Hartböden – oder hier besser gesagt – Hartsubstraten zählen auch künstliche, vom Menschen erstellte Bauten, wie etwa Hafen-mauern, Molen, Pfeiler, ja auch ein Schiffs-

Als »Spitzendeckchen«-Moostierchen haben Taucher die filigranen und äußerst zerbrech-lichen Tierkolonien von *Sertella beanea* be-zeichnet. Die zahllosen Tentakelkränze der Einzeltiere sind nur unter dem Mikroskop erkennbar; dementsprechend ernähren sich diese im Innern hochkomplizierten Tiere von planktischen Einzellern.

wrack stellt für die Organismenwelt ein Hart-substrat dar, das Anheftungsfläche für viele festsitzende Tiere bietet und das mit seinen Binnenräumen oftmals vielfältigsten Unter-schlupf gewährt.

Eine besondere Form des Hartbodens stellt im Meer der sog. »Sekundäre Hartboden« dar. Während der oben genannte und als »Primä-rer Hartboden« zu bezeichnende Untergrund aus dem ursprünglich anstehenden Fels besteht, ist der sekundäre Hartboden von Pflanzen und Tieren gebildet worden. Er ent-wickelt sich über lange Zeiträume, indem zunächst zum Beispiel Muscheln, die im Sand siedeln, nach dem Absterben von Kalkröhren-würmern überwachsen werden und diese mit Moostierchen, Kalkalgen, Schwämmen oder Korallen ein fest verbackenes Konglomerat biogener Hartsubstanzen bilden. Es können auf diese Weise meterdicke, gesteinsartige Schichten von großer Ausdehnung entstehen, die ihrerseits durch ihre Lückensysteme Le-bensraum für eine Fülle der verschiedensten Tiere – Krebse, Schlangensterne, Fische usw. – bieten. Sekundäre Hartböden bestehen demnach nur aus lebendem und totem organismischen Material.

## Blockhalden

Oft gehen zusammenhängende, flach geneigte oder horizontale Felsflächen in Zonen mit einzelnen, im Sand liegenden größeren Steinbrocken über. Handelt es sich hierbei um dicht neben- und übereinander liegende Steinblöcke, die zu groß und zu schwer sind, als dass sie von den vorherrschenden Wasserkräften bewegt werden können, so spricht man von Blockhalden. Diese bilden mit ihrem reich verzweigten Lückensystem einen besonders vielgestaltigen Lebensraum für Vertreter aus fast allen Tiergruppen. Dreht man einzelne Felsbrocken um, erkennt man deutliche Unterschiede zwischen der ursprünglichen Ober- und Unterseite.

Während auf der dem Licht zugekehrten Oberseite ein Algenwuchs möglich ist, können diese, selbst wenn ein solcher Block nur hohl aufliegt, auf der anderen Seite aus Lichtmangel nicht gedeihen. Die Unterseite – sofern sie nicht gänzlich im Sand eingebettet war – bietet hingegen eine geschützte Besiedlungsfläche für Schwämme, Röhrenwürmer, Muscheln, Schlangensterne und Schnecken.

## Geröllhalden

Im Gegensatz zu den oben erwähnten Blockhalden findet man im brandungsnahen Küstenbereich oft Gerölle, bei denen der einzelne Stein regelmäßig durch die Wasserkräfte gewendet und in Bewegung gehalten wird. Eine charakteristische Ober- und Unterseite lässt sich am einzelnen Stein nicht erkennen. Es ist leicht einzusehen, dass in einer solchen »Gesteinsmühle« keine Tiere oder Pflanzen leben können.

## Riffe

Lange, bevor Taucher den Meeresgrund im Einzelnen untersucht haben, wurde von Seeleuten nahezu jede Untiefe, die ein Schiff gefährden kann, als Riff bezeichnet. Demnach konnte eine Sandbank ein Sandriff, ein Felskamm ein Felsriff sein. In jedem Fall gehört zum Begriff Riff die dritte Dimension, d. h. ein vom Meeresgrund sich erhebender, bei Niedrigwasser oft sogar aus dem Wasser herausragender Bereich. Heute bezeichnen wir als Riff eine im Wesentlichen von lebenden Organismen aufgebaute, meist bankartige Erhebung vom Meeresgrund, die hinreichend fest ist, um anbrandenden Wasserkräften standzuhalten. Hierbei werden in der Regel über viele Jahre hinweg die absterbenden Generationen von jüngeren, lebenden überlagert. Am Aufbau von Riffen sind immer verschiedene, in erster Linie kalkbildende Pflanzen und Tiere beteiligt. Entsprechend der vorherrschenden Riffbildner werden auch die Riffe bezeichnet.

**Wurmriffe** oder **Sabellarienriffe** – genannt nach der vorherrschenden Gattung *Sabellaria* – erreichen beispielsweise vor der Küste

Große Farbenvielfalt zeigt der Weihnachtsbaum-Röhrenwurm *(Spirobranchus giganteus)*. Alle Röhrenwürmer ziehen ihre Tentakelkrone als Ganzes bei Gefahr blitzschnell zurück. Als festsitzende Tiere fangen sie kleinstes, einzelliges Plankton.

Oben: Gesamtheit einer Riffgemeinschaft. Rechts im Vordergrund die typische konsolenartige Wuchsform einer Acropora.

Mitte: Die mächtigen Elchgeweihkorallen *(Acropora palmata)* prägen das Aussehen der karibischen Korallenriffe.

Unten: Auch bei einer so ausladenden Mörtelkoralle sollten wir nicht vergessen, dass wir es mit einem »Tier«, genauer mit einem Tierstock zu tun haben, dessen individuelle Einzelpolypen aber nur 1 mm groß sind.

Floridas Ausmaße von mehreren hundert Kilometern. Diese Röhrenwürmer kitten ihre Wohnröhren aus Sandkörnern zusammen. Verwandte Arten findet man an atlantischen Küsten (Frankreich, Portugal), wo die ca. 1 Meter großen, bienenwabenähnlichen Bauten selbst starken Brandungswogen trotzen.

**Vermetidenriffe** werden nach einer Wurmschnecke *(Vermetus)* benannt. Diese Schnecke kriecht nicht frei herum, sondern baut Kalkröhren, in die sich das mit einem Schleimnetz Plankton fangende Tier zurückziehen kann. Durch Abermillionen übereinander wachsender Tiere kann es dabei zu großen Riffen kommen.

**Muschelbänke** können nur dann Riffcharakter annehmen, wenn diese Tiere dicht an dicht wachsen. Bei Miesmuschelbänken und Austernbänken ist zumeist ein primär vorliegender Hartgrund Voraussetzung.

Die bedeutendsten Riffe sind zweifellos die **Korallenriffe,** die vornehmlich durch Steinkorallen gebildet werden. Sie ziehen sich in einem breiten Gürtel in allen tropischen Meeren rund um den Erdball. Zwar wachsen Korallen auch in nördlichen Breiten, doch sind dies sehr langsam wachsende Arten wie die Rasenkoralle *(Cladocora)* im Mittelmeer oder *Lophelia,* die im Trondheimfjord in Norwegen ausgedehnte Hecken bildet.

Voraussetzung für das Gedeihen der raschwüchsigen, riffbildenden Korallen ist einmal eine Wassertemperatur, die im kältesten Monat den Mittelwert von 20 °C nicht unterschreitet, zum anderen ist wegen der in den Korallentieren lebenden einzelligen Algen eine bestimmte Lichtintensität notwendig – und diese reicht in der Regel nicht tiefer als ca. 50 m. Schließlich dürfen die sich absetzenden Schwebestoffe eine gewisse Menge nicht überschreiten. Unterschiedlich warme bzw. kalte Meeresströmungen und solche mit stärkeren oder schwächeren Trübungen erklären daher leicht die unterschiedlich weit in den Norden vordringenden Riffe. So finden wir im westlichen Atlantik die nördlichsten Riffe bei den Bermudas und die von Mitteleuropa aus nächsten im Roten Meer.

Es wäre jedoch zu einfach gesagt, ein Korallenriff als eine Bank aus verschiedenen Stein-

Hohlkreuz-Garnelen auf einer Blasenkoralle. Die weißen Flecken haben beim Paarungsverhalten Signalfunktion.

Bei den massigen, oft kugeligen Hirnkorallen teilen sich die einzelnen Polypen zwischen den Tentakeln, ohne neue Trennwände zu bilden. Hierdurch entstehen Polypen mit langgestreckten, gewundenen, ineinander greifenden Mundscheiben.

Die Entstehung eines Atolls.

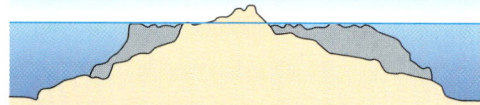

Korallen bewachsen die lichtdurchfluteten Berghänge nahe der Wasseroberfläche.

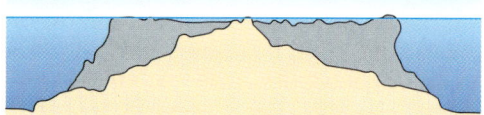

Das neue Riff über dem sinkenden Berg wächst vor allem am Rand nach.

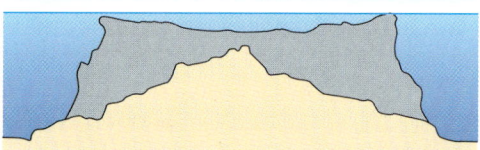

Langsam entsteht ein großflächiges sog. Plattformriff.

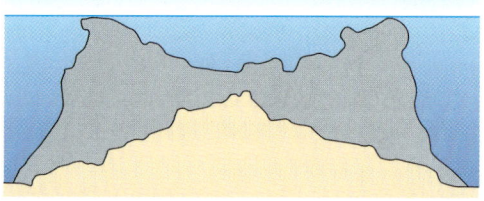

Durch beständiges Absinken des Grundes bildet sich zwischen den Außenriffen eine Lagune – ein Atoll entsteht.

Für den Seemann ist jede gefährliche Untiefe ein Riff. Für den Biologen ist ein Riff eine Erhebung vom Meeresgrund, die fast ausschließlich von Pflanzen und Tieren gebildet worden ist:
- Wurmriffe
- Muschelbänke
- Korallenriffe

Am Aufbau eines Korallenriffs sind viele Arten von Stein- und Hornkorallen, Kalkalgen und andere festsitzende Tiere beteiligt. Für die vielen, frei beweglichen Tiere bildet das Korallengerüst nicht nur Unterschlupf, sondern sie sind durch zahlreiche Räuber-Beute-Beziehungen miteinander verkettet.

korallen zu bezeichnen. Vielmehr ist es ein in sich äußerst komplexes Ökosystem. Wegen der vielen Einzelbiotope, der räumlichen Schichtungen, der ungeheuren Artenfülle und der Vielfalt der Räuber-Beute-Beziehungen sowie anderer verflochtener Wechselwirkungen zwischen den einzelnen Organismengruppen ist es als zusammenhängender Großlebensraum höchstens mit dem tropischen Regenwald zu vergleichen. Während unsere Kenntnisse über das Vorkommen der

Tiere im Riff weit über hundert Jahre zurückreichen, war ein »Einblick« im wörtlichen Sinn in diesen submarinen Lebensraum und in die Lebensweise der Tiere erst in den letzten Jahrzehnten seit Entwicklung der Freitauchgeräte möglich.

Ein Korallenriff ist nicht einheitlich eine Ansammlung von vielen Korallenstöcken, sondern es ist in sich gegliedert, wobei sich die räumliche Nähe zum Land entscheidend auf die Gestalt des Riffs in seiner Gesamtheit aus-

Profil eines Riffs. Das weitgehend horizontale Riffdach erstreckt sich vom Ufer bis zum seeseitigen Riffrand. Vor diesem – dem Vorriff – lagert sich durch die Brandung erzeugter Korallenschutt ab. Das Riffdach ist meist zerklüftet und kann landseitig vom offenen Meer eine Lagune abtrennen (nach H. Schuhmacher).

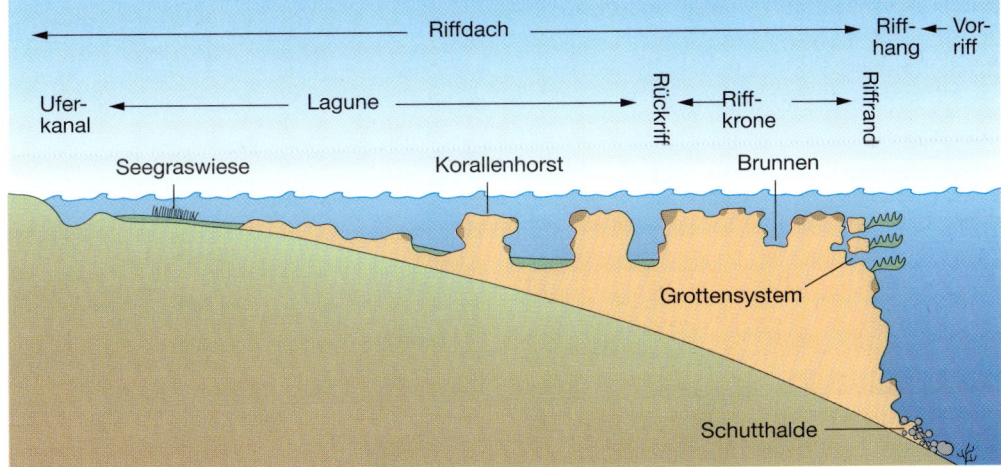

wirkt (z. B. Saumriff). Hingegen sind Platt-formriffe und Atolle küstenferne Korallener-hebungen, die vom Meeresgrund bis zur Was-seroberfläche reichen. Andererseits kann man die riesigen Tierkolonien, die die verzweigten Korallenstöcke darstellen, nicht einfach als ein Geäst sehen, zwischen dem die frei be-weglichen Tiere herumschwimmen oder -kriechen. Die Fische, Schnecken und See-sterne greifen zusammen mit vielen im Ver-borgenen hausenden Tieren, z. B. den Bohr-schwämmen und Bohrmuscheln, aktiv in Wachstum und Gestalt des Riffs ein. Viele Ko-rallenfische sind Pflanzenfresser und fördern, indem sie das Algenwachstum einschränken, das Wachstum der Korallentiere. Andere Riff-bewohner (Fische, Seesterne) fressen leben-des Korallengewebe und greifen gegenteilig in das System ein. Bohrmuscheln können die ab-gestorbenen Korallenstrünke so stark durch-löchern, dass große Aufbauten an Stabilität verlieren, den Brandungsdrucken nicht stand-halten und alsdann zusammenbrechen.

Viele, oft nur im Verbund zu betrachtende Kräfte bewirken hierbei, dass man ein Koral-lenriff als übergeordnete Einheit sehen muss. Durch Wachstum und Abbau, teilweise Zer-störung und stetigen Umbau besitzt es eine eigene Dynamik. Ein Menschenalter reicht für den Bau eines Riffs nicht aus.

## Weichböden

Unter Weichböden versteht man – je nach Korngröße – Sande und Schlicke. Schlicke enthalten vorwiegend feine Staube. Schlamm oder Mud enthält zusätzlich organische Res-te. (Die Begriffe werden nicht immer einheit-lich und scharf abgegrenzt.) Große, von Pflan-zenwuchs freie Sandflächen erscheinen auf den ersten Blick weitgehend unbelebt. Doch

dies ist eine Täuschung. Die meisten Tiere sind eingegraben und kommen, wenn über-haupt, dann des Nachts zum Vorschein. Die Gründe hierfür sind leicht einzusehen, da es auf freien Sandebenen sonst keine Versteck-möglichkeiten gibt. Bei Nachttauchgängen er-lebt man, dass die tagsüber oft eintönigen Flächen ab einer Tiefe von einigen Metern, d. h. ab dem Bereich, der durch die örtlichen Wasserbewegungen nicht mehr gestört wird, durchaus von vielen Tieren besiedelt oder zur Jagd auf Beute genutzt werden.

Für den Taucher erfordern unbewachsene Weichböden besondere Aufmerksamkeit.
- Die Tiere sind oft gut getarnt, d. h. ihrem Untergrund farblich angepasst.
- Die meisten Tiere leben tagsüber ein-gegraben.
- Die Sichtweiten sind je nach Korngröße und der Wasserbewegung, die den Grund aufwirbeln kann, nicht so groß wie über Hartböden.
- Über den oft endlosen Weiten verliert man leicht die Orientierung.

Plattfische als typische Sandbodenbewohner können nach etwa 20 Minuten nicht nur den Farbton ihrer Haut dem jeweiligen Unter-grund anpassen, sondern auch das Muster der Korngröße.

Seefedern entfalten meistens erst nachts ihre volle Schönheit. Die Tierstöcke sind mit einem weichen kolbenförmigen Fuß im Sandboden verankert. Durch wechselweises Aufpumpen einzelner Fußabschnitte sind Seefedern in geringem Maß zur Ortsveränderung fähig.

Typische Sandbodenbewohner sind die verschiedensten Plattfische, Meerbarben *(Mullidae)* und Rochen. Besonders Plattfische, wie z. B. die Scholle *(Pleuronectes platessa)*, Seezunge *(Solea solea)* und viele Rochen graben sich tagsüber oberflächlich ein, so dass nur Augen und Atemöffnungen (bei Plattfischen Mund und Kiemendeckel, bei Rochen das Spritzloch) frei sind. Die Beutetiere dieser Räuber leben gleichfalls eingegraben. Muscheln als typische Weichbodenbewohner leben stets eingegraben, und man sieht höchstens ihre Atemöffnungen oder Atemröhren (Siphonen). Auch von vielen Borstenwürmern kann man nur die Eingänge der Wohnröhren oder -krater sehen oder sie verraten sich durch die ausgeworfenen Kotstränge.

Manche Weichkorallenstöcke wie Seefedern *(Pennatularia)* oder die bis zu 20 Jahre alt werdenden Zylinderrosen *(Cerianthus membranaceus)* entfalten erst des Nachts ihre zarte und beeindruckende Schönheit.

## Was ist eine Alge?

Jeder kennt seine Topfpflanzen im Zimmer und hat die vielen Sträucher, Blumen und Bäume in Wald und Flur vor Augen. Bei aller Verschiedenheit haben diese Pflanzen jedoch ein gemeinsames Bauprinzip: Wir finden einen grünen Spross mit Blättern und eine unterirdische Wurzel, die die Pflanze im Boden verankert und sie mit Feuchtigkeit und Nährstoffen versorgt. Hierbei kann das Wasser aus dem Boden in die höchsten Baumwipfel nur über ein inneres Leitungssystem transportiert werden.

Algen sind anders gebaut. Sie sind ursprünglicher als die Landpflanzen, haben keine Wur-

Seespinnen *(Maja squinado)* gehören zu den größten Kurzschwanzkrebsen. Ihr Panzer wird wie hier in irischen Gewässern bis zu 20 cm breit. Dieser ist mit zahlreichen Dornen bewehrt, zwischen denen oft Algen und Schwämme wachsen. Das Tier lebt auf sandigem oder felsigem Grund bis in 50 m Tiefe.

zeln und kein Leitungssystem. Die Gliederung nach vorgenanntem Bauplan ist daher nicht möglich. Das Wasser, das jede Zelle braucht, wird über die gesamte Oberfläche der Pflanze aufgenommen. Ein Klammerorgan hält die Alge am Untergrund fest. Auch wenn einzelne Arten kleinen Bäumchen mit Blättern gleichen – ein Blick mit dem Mikroskop in ihr Inneres würde uns immer ursprüngliche, »primitive« Gewebstypen zeigen. Das Fehlen einer dichten Außenhaut erklärt, weshalb Algen nur im Wasser leben können und an Land nur dort, wo sehr hohe Luftfeuchtigkeit herrscht. Außerhalb des Wassers sind sie ungeschützt und vertrocknen rasch. Durch Teilung und Ablegerbildung können sie sich sehr schnell ausbreiten und vermehren. Und so wie Farne und Moose keine Blüten treiben und weibliche und männliche Fortpflanzungszellen im Regenwasser zusammengeführt und weggespült werden, um an anderer Stelle zu keimen, so werden bei Algen die Geschlechtszellen für die Nachkommenschaft dem Wasser und den Strömen im Meer anvertraut. Große, oft sehr ledrige Algen werden im Deutschen auch – mit dem aus der dänischen Sprache stammenden Wort – als »Tange« bezeichnet. Weit verbreitet ist der wegen seiner gasgefüllten Schwimmkörper so benannte Blasentang *(Fucus vesiculosus)*.

Obwohl der innere Aufbau vergleichsweise einfach ist, können Meeresalgen außerordentlich verschieden gestaltet sein. Manche Arten entwickeln sich zu mehr oder weniger schleimigen Überzügen oder bilden moosähnliche Polster. Im Brandungsbereich können Algen durch Kalkeinlagerung steinhart sein und an Härte den Korallenkalk übertreffen. Andere bilden gegabelte, grüne, fingerförmige Stränge aus verfilzten, einfach gebauten Fäden

*(Codium tomentosum)* oder fußballgroße, gelegentlich eingedellte Gebilde *(Codium bursa)*, die man auf kiesigen Gründen »herumliegen« sieht (sie sind aber am Untergrund festgewachsen!). An stark durchsonnten Stellen findet man häufig den Meersalat *(Ulva lactuca)*, eine Grünalge, deren unregelmäßig zerlappter Pflanzenkörper tatsächlich an Salatpflanzen erinnert. Artenreich ist die Gattung *Cystoseira,* heidekrauthohe, vielverzweigte Formen im Mittelmeer und Atlantik, die große subaquatische Wiesen bilden können. Auffällig ist auch der Beerentang *(Sargassum)*, der durch seine mit Luft gefüllten »Beeren« Auftrieb erhält und bis 1 m hoch aufrecht am Grund steht. Zu den größten europäischen Tangen gehören die braunen Laminarien, z.B. der eine Länge bis 5 m erreichende Zuckertang *(Laminaria saccharina)* und der Sackwurzeltang *(Saccorhiza polyschides)*. Diese großen Brauntange kommen an allen atlantischen Felsküsten – nach Norden zu immer häufiger – bis in Tiefen von etwa 25 m vor.

## Die Zone der Wasserpflanzen: das Phytal

Zwei Faktoren bestimmen das Gedeihen von Pflanzen auf dem küstennahen Meeresgrund: die Wasserbewegung und das Licht. Es versteht sich von selbst, dass im unmittelbaren Brandungsbereich, dort, wo tonnenschwere Brecher auf die Felsen donnern, Pflanzen mit weichen, blattartigen Grünteilen nicht überleben können. An solchen Stellen können nur solche Algen gedeihen, die durch Kalkeinlagerungen steinhart sind. Sie überwachsen oft als weißliche oder rötliche Krusten die Klippen. Im Mittelmeer bilden sie an steilen Felswänden in der Gezeitenzone breite Simse, das sog. Trottoir. Kalkalgen beteiligen sich unter anderem aber auch am Aufbau der Korallenriffe.

Ähnlich wie im Hochgebirge, wo erst unterhalb einer durch Sturm und Wetter beherrschten, von einzelnen Pflanzen scheinbar hart umkämpften Grenze – in ruhigeren Zonen also – eine geschlossene Pflanzendecke möglich ist, finden wir erst außerhalb des Brandungsbereiches mit zunehmender Tiefe, wo die Wasserkräfte weniger zerstörerisch wirken und nurmehr abgedämpfte Bewegungen hin- und herschwingen, einen dichten Algenbewuchs.

In dieser Zone, die etwa von 2 Meter unterhalb der Niedrigwasserlinie – der Linie, die auch bei Springtiden-Niedrigwasser den stets überfluteten Bereich markiert – bis etwa 50 m tief hinabreicht, wird das von der Oberfläche bis zum Grund dringende Licht für die subaquatischen Pflanzen in zunehmendem Maße lebensbestimmend. Unterhalb der durchlichteten Zone, die entsprechend der allgemeinen Trübung unterschiedlich tief enden kann, ist Pflanzenwuchs nicht mehr möglich. Dies bedeutet nicht, dass es dort völlig dunkel sein muss, aber wie jeder weiß, gedeiht auch eine Zimmerpflanze, je weiter man sie von der hellen Fensterbank entfernt, immer schlechter und kann in der Tiefe des Raumes überhaupt nicht mehr überleben, obwohl uns dieser Bereich keineswegs dunkel erscheinen muss.

Wie jeder von Stauden im Garten oder anderen Blumen weiß, ist das Lichtbedürfnis der einzelnen Arten unterschiedlich. Auch bei Algen kann man diese Ansprüche an einem helleren oder weniger beleuchteten Standort beobachten, und so finden wir mit zunehmender Tiefe und schrittweise abnehmendem Licht oft eine Zonierung einzelner Arten und

Große blattförmige Tange, wie hier vor Irland, sind typisch für Küsten kühler bis gemäßigter Meere.

eine Gliederung in erkennbare Vegetationsgürtel. Ganz so schematisch wie eine Anpflanzung ist der Algenbewuchs allerdings nicht, denn er wird durch ein anderes Prinzip, das in jeder Pflanzengesellschaft zum Tragen kommt, im wahrsten Sinn »überschattet«: der Konkurrenzkampf der Arten untereinander, und dies ist bei Pflanzen immer ein Kampf um das Licht. Wie in einem tropischen Wald finden wir auch bei den Algen verschiedene »Stockwerke«. Besonders an Felsküsten nördlich gemäßigter Breiten (Atlantik, Nordsee) kann man erleben – einer Baumzone vergleichbar –, wie stämmige Großtange als Deckalgen eine Unterwuchsschicht überlagern, und wie am unmittelbaren Hartgrund, am Fuße der Unterschicht krustenbildende Algen das Restlicht verwerten. Und wie im Regenwald gibt es auch Aufwuchsalgen (Epiphyten), die ihrerseits – zu klein, um mit den großen konkurrieren zu können – auf den

Großformen selbst angesiedelt sind. An schattigen Überhängen wird für die Algen der Kampf um Besiedlungsfläche durch den tierischen Aufwuchs, der ohne Licht auskommt, erschwert oder unmöglich.

Die gesamte küstennahe Algenvegetation spielt im Verbund mit den festsitzenden Tieren eine wichtige Rolle. Viele Tiere weiden Algen ab (Schnecken, Seeigel, manche Fische), und für die Mehrzahl der frei beweglichen Tiere und deren Brut bietet Algengebüsch Versteckplätze.

Nur Pflanzen können mittels Chlorophyll und anderer Blattfarbstoffe die von »außen«, d. h. von der Sonne kommende Energie nützen und aus gelösten, anorganischen Salzen die Großmoleküle ihrer Körperzellen aufbauen. Sie stehen daher immer am Anfang des Stoffkreislaufs. Man nennt sie deshalb Primärproduzenten. Im Meer spielen die sichtbaren Algen, die man beim Tauchen sieht, in dieser Hinsicht eine untergeordnete Rolle. Nur ein ganz schmaler Küstengürtel ist hinreichend durchlichtet, und auch hier können Algen nur auf Felsgründen leben. Da sie keine Wurzeln besitzen, können sie auf Sandböden nur gedeihen, wenn sie eine Muschelschale oder dergleichen zum Anheften finden. Die Seegräser als Blütenpflanzen mit Wurzelstöcken bilden hier eine Ausnahme. Den überwiegenden Teil der Primärproduzenten stellen die mikroskopischen, einzelligen Algen im Plankton dar. Sie kommen – geographisch und jahreszeitlich in unterschiedlicher Dichte – weltweit und auch küstenfern in den vom Licht erreichten Wasserschichten vor und sind die Nahrungsgrundlage für das tierische Kleinplankton (z. B. winzige Krebschen), die wiederum von größeren Tieren (z. B. Fischen) gefressen werden. Der ausgeschiedene Kot der Tiere löst sich nicht einfach auf. Er enthält für

andere Organismengruppen wertvolle Nährstoffe, und viele Substanzen durchlaufen nacheinander die Verdauungsorgane der verschiedensten Tiere, bis sie auf den letzten Stufen dieses Stofftransportes von Bakterien und mikroskopischen Pilzen in ihre Grundbestandteile zerlegt und in anorganische Salze zersetzt werden. Ein solches Weiterreichen der Nährstoffe nennt man eine Nahrungskette.

## Seegraswiesen

Bis in eine Tiefe von 40 m – gelegentlich tiefer – gehören Seegraswiesen zu den häufigsten Vegetationsformen im Mittelmeer und im Atlantik. Wir können sie als klar abgrenzbare Bereiche erkennen. In geringeren Tiefen stehen die Pflanzen oft lückenlos. Mit abnehmender Lichtintensität werden die Bestände lockerer und lassen freie Sandflächen zwischen sich. Seegräser (im Mittelmeer z. B. das Neptunsgras *Posidonia oceanica)* sind untergetauchte Blütenpflanzen, die vollkommen an das Leben auf dem Meeresgrund angepasst sind. Die »Bestäubung« der unscheinbaren ährenartigen Blütenstände übernimmt das Wasser. Die einzelnen, mit der Dünung hin- und herwogenden Gras-»Blätter« werden über 1 m lang, sterben im Laufe des Jahres an den Enden ab und wachsen vom Grund aus fortwährend nach. Im Herbst erfolgt ein regelrechter »Laubfall« der alten Blätter.

Zieht man die dichten Blattbüschel auseinander und dringt bis zu den Wurzelstöcken vor, so findet man in der Tiefe verzweigte, ausgedehnte Matten von Wurzeln und Ausläufern mit einem ebenso verästelten Hohlraumsystem, das vielen Schnecken, Borstenwürmern, Schlangensternen, Seegurken, Krebsen und kleinen Fischen Unterschlupf bietet. Typische

Seepferdchen gehören zu den beliebtesten Fotomotiven. Diese Fische sind keine schnellen Schwimmer; sie lauern ihrer winzigen Beute auf, die sie mit ihren röhrenförmig verwachsenen Kiefern blitzschnell einsaugen.

Bewohner von Seegraswiesen sind die Seenadeln *(Syngnathus),* Fische, die so dünn und langgestreckt sind wie ein Blatt dieser Pflanzen. Die Tiere folgen harmonisch den Bewegungen der Seegrasblätter, so dass es viel Übung, Geduld und der Ruhe bedarf, die Tiere, die einem direkt vor den Augen »stehen« können, überhaupt zu erkennen. In die gleiche Fischfamilie mit dem schlanken Kopf gehört auch das Seepferdchen *(Hippocampus),* das sich mit seinem Schwanz, indem es diesen einrollt, an Pflanzenteilen anklammern kann. Auch der Zehnarmige Tintenfisch *(Sepia officinalis)* ist ein charakteristischer Bewohner von Seegraswiesen.

Gegen das Licht gehalten erkennt man auf den Seegrasblättern oft sehr feine Überzüge

von planktonfressenden Polypen- und Moostierchenkolonien. Diese werden von Schnecken und Borstenwürmern abgeweidet, wobei letztere wiederum von Fischen und Krebsen gefressen werden.

**Seegraswiesen** stellen einen gut abgrenzbaren Lebensraum unter Wasser dar. Das Geflecht der Wurzelstrünke bietet vielen Tieren Schutz. Die Fasern der abgerissenen Blattscheiden verfilzen sich oft im Brandungsbereich und werden als feste, braune »Seebälle« angespült.

Es stellen somit einzelne Seegrasblätter einen Mikrokosmos dar, der für sich genommen im Meer gewiss nicht ins Gewicht fällt. Für das Gesamtbiotop Seegraswiese jedoch spielt dieser Stoffwechsel eine bedeutende Rolle. Wichtige Umsetzungen innerhalb der Biomasse lassen sich mit geeigneten Methoden nachweisen. Viele solcher Vorgänge spielen sich vor unseren Augen ab, ohne dass wir sie sehen.

## Festgewachsene Lebewesen: Tier oder Pflanze?

Von Landlebewesen sind wir gewohnt: Pflanzen sind immer festgewachsen, und Tiere können sich immer fortbewegen. Dies ist unter Wasser nicht so. Da gibt es Pflanzen, die auch im abgerissenen Zustand noch lange überleben, und mikroskopisch-einzellige Algen, die sich aktiv vorwärtsbewegen können. Andererseits gibt es viele Tiergruppen, die am Untergrund festgewachsen sind. Man nennt sie *sessile* oder *sedentäre* Tiere oder Sedentarier.

**Zu den sessilen Tiergruppen zählen**
- Schwämme
- Korallen
- Moostierchenkolonien
- Manteltiere

Viele dieser Tiere bilden Tierstöcke. Solch ein Tierstock – auch Kolonie genannt – ist ein zusammenhängender, in der Regel aus einem Muttertier hervorgegangener Tierverband mit zum Teil einheitlichen oder zusammenhängenden Organen. So besitzen z. B. in einem Korallenstock all die vielen Einzelpolypen ein gemeinsames Darmsystem, so dass das, was der einzelne Polyp gefressen hat, der Gesamtheit der Polypen – dem Tierstock also – zugute kommt. Der Begriff »Individuum« muss bei einem Tierstock daher anders bewertet werden, als wir es sonst gewohnt sind: Einmal setzt sich eine Tierkolonie aus individuellen Einzeltieren zusammen, zum anderen stellt beispielsweise ein Gorgonienfächer als Ganzes ein Individuum höherer Ordnung dar.

Große Fächergorgonien versperren oft die durchströmten Kanäle.

Aber auch aus sonst im Allgemeinen frei beweglichen Tiergruppen wie Schnecken, Borstenwürmern oder Krebsen sind einige Vertreter im Laufe der Evolution zur festsitzenden Lebensweise übergegangen. Für eine solche ortsfeste Lebensform müssen sowohl vom Lebensraum – dem Biotop – als auch vom Tier selbst bestimmte Voraussetzungen erfüllt werden.

Was den unmittelbaren Lebensraum – den Anheftungsgrund also – betrifft, so muss er zunächst einmal vorhanden oder besser gesagt, noch »frei« sein, d. h. noch nicht von anderen ortsfesten Lebewesen, vor allem den im Allgemeinen rascherwüchsigen Algen, »besetzt« sein. Tatsächlich wurde die »Raumkonkurrenz« von der Forschung als ein für alle festsitzenden Tiere entscheidend wichtiger Faktor erkannt. Hierbei sind die einzelnen Parameter, die bei der Erstbesiedlung einer freien Fläche eine Rolle spielen, die Verteilungsmuster, die sich für die einzelnen Arten ergeben, sowie die Abfolgen der Besiedelung im zeitlichen Nacheinander als ineinandergreifende abiotische (physikalische) und biotische, d. h. durch andere Lebewesen bedingte als Einflussgrößen wirksam. Sie sind seit langem Gegenstand einer umfangreichen, marinökologischen, vornehmlich durch Taucher vorgenommenen Forschung.

So dürfen sich in dem von einem Tier ausgewählten Biotop keine solchen Veränderungen abspielen, denen das endgültig festgesetzte Tier nicht zu widerstehen vermag. Wenn etwa unterhalb der normalen Niedrigwasserlinie bei einer besonders niedrigen Tide und ablandigem Wind der Untergrund trockenfällt, könnte dies für eine sich eben entwickelnde Gorgonie (Hornkoralle), die nicht über einen ausreichenden Verdunstungsschutz verfügt, der Tod sein; sie würde vertrocknen. Und wenn sich die Larve eines Röhrenwurmes beispielsweise auf einem Stein angesiedelt hat, der bald darauf von den Wasserkräften umgedreht wird und so das Tier unter sich im Sand begräbt, wäre auch dies fatal. Tatsächlich kommen solche Ausfälle regelmäßig vor, und nur diejenigen Arten haben in der Evolution überleben können, deren Nachkommenzahl von vornherein diese Ausfälle übersteigt.

Die Lebensbedingungen für ein festgewachsenes Tier müssen ferner dergestalt sein, dass die Nahrung sozusagen immer »vorbeischwimmt« oder sonst in irgendeiner Form »griffbereit« ist, da Schwämme oder Seefedern sich ja nicht von der Stelle bewegen können.

Die sessilen Tiere andererseits – ob Koralle oder Schwamm, Schnecke oder Krebs – müssen von ihrem Körperbau her so beschaffen sein, dass sie über Fangorgane oder dergleichen verfügen, um diese vorbeischwimmende Nahrung zu erbeuten. Ein Kennzeichen der festgewachsenen Tiere ist daher fast immer eine Tentakelkrone, ein Kranz von feinen, oft auffallend bunt gefärbten Fangfäden, die um die Mundöffnung stehen. Diese Fangorgane erinnern oftmals an die Blütenblätter einer Blume, was zu dem Namen »Blumentiere« geführt hat. Auch »Seenelke« und »Seeanemone« sind Beschreibungen, die an Pflanzen und Blumen erinnern. Die gleichartige Methode, sich vom umhertreibenden Plankton zu ernähren, hat deshalb auch zu zahlreichen Übereinstimmungen im Aussehen (Konvergenzen) geführt, so dass der unerfahrene Beobachter unter Wasser nicht immer sofort entscheiden kann, ob das festsitzende, blumenartige Tier ein Röhrenwurm oder ein Hohltier ist.

Des Weiteren müssen alle festsitzenden Tiere – da sie ja nicht fliehen können – in je-

Der kleine Anemonenkrebs *(Neopetrolisthes maculatus)* nutzt den Schutz der nesselbewehrten Tentakel. Ein Paar seiner Kieferbeine ist dicht beborstet. Hiermit käschert er feines Plankton aus der Strömung.

dem Fall irgendwelche Schutz- bzw. Abwehreinrichtungen besitzen, die ihnen Feinde vom Leib halten, sei es, dass sie sich in eine selbstverfertigte Röhre zurückziehen können, wie Röhrenwürmer oder Wurmschnecken, oder sei es, dass sie sich durch Nesselgifte schützen. Schließlich müssen alle festsitzenden Lebewesen über frei bewegliche Fortpflanzungsstadien verfügen, die es ihnen ermöglichen, auch über größere Distanzen hinweg die Art zu verbreiten. Da nun aber das Leben für mikroskopische Vermehrungsstadien – frei herumschwimmende Larven etwa – extrem gefährlich ist, da von Muscheln über das Heer der Fische bis zum Walhai überall Planktonfresser ihr Leben unsicher machen, muss von vornherein die Zahl der Nachkommenschaft so bemessen sein, dass, selbst wenn 99 % oder mehr »auf der Strecke« bleiben, die Erhaltung der Art gesichert ist. Und dies ist die Stelle in dem ökologischen Gefüge, wo die sessilen Organismen – hier müssen wir die gesamte Algenflora mit einschließen, da sie ja gleichfalls über umherschwärmende planktische Fortpflanzungsstadien verfügt – mit der sich frei bewegenden, marinen Tierwelt verbunden sind. Denn aus der Sicht der Fische und deren Brut beispielsweise stellt das Plankton, das im Küstenbereich großenteils aus Sedentarierlarven besteht, die Nahrungsgrundlage dar, und somit sind praktisch alle Tiergruppen, ob Tintenfische, Schlangensterne oder Borstenwürmer, Manteltiere oder Seepocken, Quallen oder Garnelen, über vielfältige Nahrungsketten in einem fließenden Gleichgewicht miteinander vernetzt.

Dieses Gleichgewicht hat sich über erdgeschichtliche Epochen hinweg in vielen Millionen Jahren eingependelt und ist gegen natürliche Angriffe relativ stabil. So kann etwa ein Sturm, wie er an atlantischen Küsten in jedem Winter auftritt, bis in eine Tiefe von 10 m den gesamten Bewuchs, d. h. die ganze Sedentariergesellschaft, an manchen Stellen bis auf den nackten Fels zerstören und Tiere und Pflanzen in einem Brei von Grobsand zermalmen. Ein Taucher, der die Vielfalt an Formen und Farben vorher noch hat bewundern können, ist angesichts tagelanger gewaltiger Brandungswogen und schwerer Brecher, bei deren Wucht scheinbar nichts übrigbleiben kann, über das Ausmaß einer so tiefgreifenden Zerstörung immer wieder erschüttert. Und doch regeneriert sich die sessile Pflanzen- und Tierwelt wie eh und je binnen weniger Wochen und Monate aufs Neue.

Einen erheblichen Vorteil bei der Neubesiedelung oder erneuten Besiedelung bietet die vielen festsitzenden Tieren eigene Fähigkeit der ungeschlechtlichen Fortpflanzung durch Knospung und Sprossung, ein Vermehrungs-»Verfahren«, das jedem bei Landpflanzen geläufig ist. Jeder kennt die Bildung von Ablegern bei Kakteen, das Treiben von Ausläufern und Schösslingen, eine Möglichkeit im Gärtnereibetrieb, ohne die zeitraubende Anzucht

Schwämme sind die am einfachsten gebauten vielzelligen Tiere. Sie können sehr alt werden und zu mächtiger Größe heranwachsen.

Seescheiden, zu den Manteltieren gehörend – hier eine Gruppe von Gold-Seescheiden (*Polycarpa aurata*) – sind typische Filtrierer. Oben befindet sich die Einström- und seitlich die Ausströmöffnung. Bei Störung ziehen sie (im Gegensatz zu Schwämmen) die Öffnungen zusammen.

aus Samen schnell zu »flächendeckenden Stückzahlen« zu kommen. Gleiches verfolgt die sessile Tierwelt. Aus kleinsten Ansätzen und Resten abgerissener Kolonien von Korallen, Schwämmen und Moostierchen wachsen artentsprechend durch Knospung, Sprossung und Ausläuferbildung neue Tierstöcke heran. Auch in der Natur ist die Fortpflanzung auf ungeschlechtlichem Wege ein schnelleres Verfahren als die oft jahreszeitabhängige und in jedem Fall zeitraubende Ei- und Samenreifung, Befruchtung mit anschließender nochmals zeitaufwendiger und verlustreicher Larvenentwicklung.

Während ein sturmbedingter, d. h. durchaus regelmäßiger, katastrophaler Zusammenbruch einer küstennahen, submarinen Lebensgemeinschaft oft rasch überwunden ist, können hingegen Eingriffe durch den Menschen, die auf den ersten Blick das Ökosystem viel weniger beeinträchtigen, erheblich größere Auswirkungen zur Folge haben. Dies zeigt zum Beispiel die verheerende Vermehrung der Steinseeigel *(Paracentrotus lividus)* an der Küste des ehemaligen Jugoslawien. Dieser Seeigel hat in wenigen Jahrzehnten den gesamten Pflanzenwuchs, d. h. die ausgedehnten Algenwiesen, bis auf den kahlen Fels kurz und klein gefressen. Hier konnten durch ein jahraus, jahrein schonungsloses Überfischen der Küstengewässer und eine immer stärkere Dezimierung der Küstenfische sowie deren Brut von Generation zu Generation immer mehr Seeigellarven zur Entwicklung gelangen. Während ein ausgewachsener Seeigel praktisch keine Feinde hat, sind natürlich die mikroskopischen, im Plankton treibenden Larven ein Teil der Nahrung von Fischen und deren junger Brut. Fallen diese natürlichen Feinde aus, wachsen erheblich mehr Larven zu am Boden lebenden Seeigeln heran – und deren Fortpflanzungsrate ist entsprechend gesteigert. Da nun die Algenbestände in immer stärkerem Maße von den Heerscharen der Seeigel abgeweidet werden, findet die ohnehin schon verringerte Fischbrut weniger Unterschlupf, d. h. ihre Lebensmöglichkeiten verringern sich – ein offensichtlicher Teufelskreis.

Dieses Beispiel zeigt nicht nur die enge Verflechtung der Tierwelt des freien Wassers mit dem Bewuchs, sondern es verdeutlicht uns die Empfindlichkeit eines Ökosystems hinsichtlich scheinbar unwesentlicher Eingriffe.

## Sessile Pflanzen und Tiere

- Als »Bewuchs« bezeichnet man den lebenden Überzug von Pflanzen *und* Tieren, wie er Hartsubstrate unter Wasser überzieht. Hartsubstrate sind natürlicherweise das anstehende Felsgestein. Der grundsätzlich gleiche Bewuchs findet sich jedoch auch auf künstlichen Hartstrukturen wie Hafenpfeilern oder einem Schiffswrack.
- Bei festgewachsenen Lebewesen ist für den Unerfahrenen die Unterscheidung zwischen Tier und Pflanze nicht immer leicht. Pflanzen sind keineswegs immer grün, können sich aber in der Strömung bewegen, und Tierkolonien sind oft starr oder unbeweglich, auch bilden die meisten festgewachsenen Tiere durch Knospung zusammenhängende, verzweigte Tierstöcke.
- Zu den festsitzenden Tieren zählen Schwämme, Korallen, Röhrenwürmer, Moostierchen und Manteltiere. Die enge Verflechtung der verschiedensten festsitzenden Tiere und Algen mit den Lebewesen des freien Wassers sind ein Beispiel für ein Ökosystem.

## Schwämme *(Porifera)*

Schwämme kommen mit über 5000 Arten weltweit in allen Meeren vor, davon die meisten im Küstenbereich bis 50 m Tiefe. Einige Arten leben im Süßwasser. Es gibt einerseits winzige Formen, darüber hinaus aber auch

Arten bis zu 2 m im Durchmesser. Schwämme sind äußerst primitive, vielzellige Tiere, die in den meisten Fällen eine geformte Gestalt vermissen lassen. Sie können krustenförmig Hartsubstrate überziehen oder als unregelmäßige Klumpen auf kiesigen, ja selbst schlammigen Gründen wachsen, manche sind verzweigt, röhren- oder becherförmig. Einzelne Arten sind leuchtend bunt gefärbt, z. B. orange, schwefelgelb oder blau. Ein Schwamm besitzt weder Mund noch After, und da diese Tiere keine Muskelzellen haben, können sie sich im Allgemeinen auch nicht bewegen. Auch ein Nervensystem fehlt. Sie ernähren sich durch Filtrieren. Hierbei wird durch eine Vielzahl mikroskopisch kleiner Poren auf der gesamten Oberfläche des Schwamms mit Hilfe besonderer Zellen ununterbrochen Wasser eingestrudelt und das darin fein suspendierte, organische Material zusammen mit dem gelösten Sauerstoff dem Wasser entzogen. Bei allen Schwämmen sind entweder viele größere Öffnungen oder eine gemeinsame Hauptöffnung *(Osculum)* mit dem bloßen Auge zu erkennen. Hier wird das filtrierte Wasser wieder nach außen geleitet.

Alle Schwämme besitzen ein inneres Skelett, das aus Kalk- oder Kieselnadeln oder einem organischen Faserwerk, dem sog. Spongingerüst, aufgebaut ist. (Aufgrund dieser Skelettsubstanz erfolgt auch die zoologisch-systematische Einteilung, z. B. Kalk- oder Kieselschwämme.) Bei manchen Arten *(Geodia gigas,* Mittelmeer) können die Kieselnadeln bei Berührung des verletzten Schwammes wie Glasfasern unangenehm in die Haut dringen. Besonders bei gelappten und verzweigten Formen, bei denen sich an allen Körperabschnitten Ausströmöffnungen befinden, wird deutlich, dass sich Individuen, also Einzeltiere, im Allgemeinen als solche nicht abgren-

zen lassen. Vielmehr hängt die gesamte lebende Masse des Schwammkörpers durch ein inneres Poren- und Wasserkanalsystem kolonieartig zusammen. Entsprechend verbreitet ist neben geschlechtlicher Fortpflanzung auch eine ungeschlechtliche Vermehrung durch Knospung. Jedes abgetrennte Stückchen Schwammgewebe kann, wenn es auf einen geeigneten Untergrund gelangt, zu einem neuen Schwamm oder, besser gesagt, zu einer neuen Schwammkolonie heranwachsen.

Außer der genannten ungeschlechtlichen Vermehrung können sich Schwämme auch geschlechtlich fortpflanzen. Neben zwittrigen Arten, also Arten, die sowohl männliche als auch weibliche Fortpflanzungzellen erzeugen, gibt es getrenntgeschlechtliche Schwämme, wobei sich allerdings weibliche und männliche Artgenossen äußerlich nicht unterscheiden lassen. Die Samenzellen der männlichen Tiere werden zusammen mit dem filtrierten Wasser nach außen abgegeben. Werden diese nun von einem weiblichen Tier durch die Poren eingestrudelt, werden sie nicht wie alle anderen organischen Partikel gefressen, sondern im Schwammgewebe zu den reifen Eiern geleitet. Hier wird erkennbar, dass selbst ein auf dieser primitiven Entwicklungsstufe stehender Organismus über spezifische innere Mechanismen verfügen muss, damit Betrieb und Fortbestand eines solchen lebenden Systems erhalten bleiben. Aus den befruchteten Eiern entwickelt sich dann eine im Plankton frei umherschwimmende, gleichfalls mikroskopische Larve, die natürlich durch die Wasserbewegung weit weg von der Elterngeneration verdriftet werden kann. Nach einiger Zeit setzt sich die Larve auf einem »ihr geeignet erscheinenden« (!) Untergrund fest und wächst zu einem neuen Schwamm aus.

Schwämme können viele Farben und Formen aufweisen. In den mit bloßem Auge erkennbaren Ausströmöffnungen strömt das gefilterte Atemwasser.

### Wie erkenne ich einen Schwamm?

Schwämme von arttypischer Form und Farbe sind in vielen Büchern für Taucher farbig abgebildet. Viele Schwämme haben jedoch eine kaum wiederkehrende Form und sind durch ins Innere aufgenommene Algen von oft undefinierbarer dunkelgrüner Färbung, so dass sie sich auch vom Fachkundigen oft nur schwer von anderen Aufwuchsorganismen unterscheiden lassen. (Eine genaue Bestimmung ist nur durch Gewebeproben unter dem Mikroskop möglich.) Alle krustenförmigen oder verzweigten Schwämme zeigen ab einer gewissen Größe eine mittlere oder mehrere unregelmäßig verteilte runde Öffnungen. Bei Berührung bleiben sie praktisch unbeweglich (Ausnahme: die Meerorange *Tethya),* sie können sich weich anfühlen, aber auch fast steinhart, ihre Oberfläche ist meistens rau, oft samtartig, selten schleimig oder gallertig. An der Luft besitzen alle Schwämme (auch die Süßwasserschwämme) im frischen Zustand einen eigentümlich strengen (nicht fauligen) Geruch. Am bekanntesten ist der Badeschwamm *(Spongia officinalis).* Seine Farbe im Leben ist grauviolett, oft schwarz. Auch heute, trotz überwiegender Verwendung von Kunststoffschwämmen, die den gleichen Dienst erfüllen, hat die Schwammfischerei Bedeutung und wird an vielen warmen Küstenmeeren betrieben (Mittelmeer, Florida, Philippinen, Südsee). Die Schwämme werden entweder ertaucht oder auch mit Schleppnetzen gefischt. Da das Schwammwachstum temperaturabhängig ist, lohnt die Zucht nur in sehr warmen Meeren in gewissem Umfang. Im südlichen Mittelmeer braucht ein kirschgroßes Stück Schwammgewebe mehrere Jahre, bis es auf die Größe eines Badeschwammes herangewachsen ist.

Vom echten Badeschwamm ist der Pferdeschwamm *(Hippospongia communis)* äußerlich nicht zu unterscheiden. Dieser lagert jedoch während seines Wachstums Sand, kleine Stückchen von Muschelschalen und Ähnliches zwischen dem Spongingerüst in seinen Körper ein. Hierdurch wird er für den Badenden kratzig.

### Schwämme

Dies sind sehr einfach gebaute, oft bunt gefärbte Tierstöcke, die krusten-, klumpen- oder bäumchenartig gebaut sein können. Sie besitzen weder Muskeln noch Nerven. Zeitlebens festgewachsen ernähren sie sich durch Filtrieren. Sie haben nur wenige Feinde, einige Fische sowie einige Nacktschnecken haben sich auf das Abweiden von Schwämmen spezialisiert, manche Arten werden auch von Borstenwürmern als Behausung benutzt.

Zu den sessilen Tieren zählen auch die sog. Blumentiere, beispielsweise Seenelken, Seeanemonen, Gorgonien. Sie werden im folgenden Kapitel bei den Nesseltieren beschrieben.

# Vielfalt
# der Tierformen

## Nesseltiere *(Cnidaria):* Polypen und Quallen

Die meisten Menschen haben Quallen vielleicht nur von oben, vom Schiff aus gesehen oder als sandpanierte Klumpen im Strandanwurf und können kaum ihre zarte Schönheit ermessen, die sie mit ihren ruhigen Bewegungen dem Beschauer unter Wasser offenbaren. Zu den Nesseltieren aus der Gruppe der Hohltiere gehören nicht nur die Quallen, sondern auch die blumenartigen Seenelken, die Zylinderrosen und die fächerförmigen Gorgonien sowie die Steinkorallen, die mit ihren kugelförmig-kompakten oder geweihartig verzweigten Formen die Korallenriffe maßgeblich aufbauen.

Der Grundbauplan der Hohltiere ist denkbar einfach: Der Körper einer Seenelke oder Seeanemone etwa besteht aus einem dünnwandigen Schlauch, dessen muskulöse Wandzellen sich stark zusammenziehen können, um auf diese Weise den Schlauch eng und klein oder beim Entspannen weit ausdehnen zu können. An der Basis, der sog. Fußscheibe, ist das schlauchförmige Tier (daher »Hohltiere«) festgewachsen, und am anderen Ende befindet sich eine Öffnung, umgeben mit einem Kranz von feinen Fangfäden, den Tentakeln. Diese Öffnung ist die einzige Körperöffnung des Tieres. Den inneren Hohlraum müssen wir als Magenraum oder Darm bezeichnen.

Die Öffnung wird zwar Mund genannt, sie ist jedoch mehr, denn sie ist ebenso After, d. h. Ausgang für Unverdauliches. Die Primitivität dieser Hohltiere – oder ihre entwicklungsgeschichtliche Ursprünglichkeit – äußert sich gerade in dieser grundsätzlichen Baueigentümlichkeit. Die uns selbstverständlich erscheinende Einbahnstraße Mund – Darm – After ist auf dieser niederen Entwicklungsstufe noch nicht verwirklicht: Was von der Nahrung unverwertbar ist, wird wieder ausgespien. Auch andere Organe, wie Atmungs-, Kreislauf- oder leberähnliche Organe, sucht man bei diesen Tieren vergeblich. Sauerstoff nehmen sie über die gesamte Körperoberfläche auf, und der allgemeine Stoffumsatz findet ohne ganz spezielle Organe in jeder Zelle statt.

Die frei beweglichen Quallen oder Medusen zeigen das gleiche Bauprinzip wie die Polypen, nur besitzen sie statt der Fußscheibe eine gallertige Schwimmglocke. Die Tiere be-

Anemone mit Anemonenfisch *(Amphiprion sp.)*. Der Fisch bildet mit den nesselnden Polypen eine Schutz- und Wohngemeinschaft.

Kleine Seescheiden *(Didemnum molle)* in einem Hydrozoenwald – eine Welt, nur wenige Zentimeter groß.

stehen bis zu 96 % aus Wasser. Sie sind somit in ihrer Umgebung so gut wie schwerelos. Von einer eingetrockneten Qualle bleibt daher nur ein papierdünnes Häutchen übrig. Bei einer lebenden Meduse erfolgen die Muskelkontraktionen rhythmisch, so dass sich hieraus eine Schwimmbewegung ergibt. Gleichwohl sind Quallen Tiere des Planktons, da sie mit jeder Strömung leicht verdriftet werden. Die Mund/Afteröffnung zum Binnenraum befindet sich bei den Quallen unten, und dementsprechend »hängen« auch die Fangtentakel nach unten. Im Gegensatz zu den festsitzenden Polypen besitzen Quallen oder Medusen zur Orientierung im dreidimensionalen Raum lichtempfindliche Zellen. Sie als Augen zu bezeichnen wäre übertrieben, aber sie erlauben eine Unterscheidung von hell und dunkel. Die Quallen besitzen ferner einfache Organe des Schweresinns, die ihnen sagen, wo oben und unten ist. Ein feines Nervennetz koordiniert die Bewegungen zu einem harmonischen Ganzen.

Mit der Vorstellung von individueller (d. h. unteilbarer) Einheit eines Tieres wird man dem Bauprinzip auf so niedriger Organisationsstufe, wie sie ein Polyp verkörpert, nur

bedingt gerecht. Aus abgerissenen Stücken eines Polypen formiert sich ein neuer. Man hat kleine Polypen zerstückelt, und aus jedem Teilstück bildet sich ein winziger Polyp, der durch sein Fressen zu einem normalen Tier heranwächst. Ja, man hat Polypen durch ein feines Netz zu einem Brei gepresst – und die Zellen verschiedener Tiere haben sich neu zusammengeschlossen und harmonisch zu einem funktionierenden Lebewesen geordnet. Das Chaos dieses Zellbreis organisierte sich zu einem neuen Polypen oder, wenn man das Ausgangsmaterial in Portionen geteilt hatte, zu vielen neuen Tieren.

Viele Polypen entwickeln Knospen, die sich ablösen und selbständig machen. Bei der großen Zahl der Stein- und Hornkorallen entstehen tausende von Knospen, die alle zusammen vereint einen Tierstock oder eine Kolonie bilden.

Bei vielen aus dieser Tiergruppe der Hohltiere sind Polyp und Qualle nur unterschiedliche Lebensformen ein und derselben Art. In einem solchen Generationswechsel geben weibliche Quallen ihre Eier und männliche Quallen ihre Samenzellen ins freie Wasser ab. Aus den befruchteten Eiern entwickelt sich dann eine winzige, kriechende Larve, die ein Leben am Grund beginnt. Nach etwa einer Woche setzt sie sich fest, und es entwickelt sich aus ihr ein Polyp, der sich mit Hilfe seiner Tentakel ernährt. Dieser Polyp ist zwar geschlechtslos, aber er bildet knospend wie ein Stapel aufeinander geschichteter Teller mit den Fangfäden nach oben kleine Quallen aus, die sich vom Polypen ablösen und nun mit der Öffnung nach unten als Qualle davonschwimmen, heranwachsen und sich wieder geschlechtlich fortpflanzen. In vielen Fällen tragen Polyp und Qualle ein und derselben Art verschiedene Namen, da diese Benennungen aus einer Zeit stammen, als man diese Zusammenhänge noch nicht kannte.

Fast alle Arten besitzen Nesselzellen, die der Abwehr von Feinden oder dem Fangen von Beutetieren dienen. Diese sind vorwiegend winzige Kleinkrebse aus dem Plankton. Große Quallen fangen aber auch Fische, wobei sie als erstes ihr Opfer mit ihrem Nesselgift lähmen, es dann mit den Tentakeln umschlingen, um es sich anschließend durch die sehr dehnbare Mund/Afteröffnung einzuverleiben.

Die Nesselzellen an den Tentakeln reagieren auf die leiseste Berührung. Sie platzen und schießen einen mikroskopisch kleinen (nur wenige tausendstel Millimeter) Pfeil ab, der dem Opfer ein Nesselgift injiziert. Jede Nesselzelle kann dabei nur ein einziges Mal einen solchen Giftpfeil verschießen. Es stehen jedoch in sog. »Nesselzellenbatterien« massenhaft neue Zellen in den Tentakeln bereit. Die Nesselzellenpfeile der allermeisten Medusen und Polypen können nur Kleinkrebsen gefährlich werden und durchschlagen die menschliche Haut nicht. Manche Arten jedoch können für den Menschen recht unangenehm werden, einzelne sogar gefährlich.

## Für den Menschen gefährliche Arten

Zu den Arten, die Brennen und Hautjucken hervorrufen können, gehören unter anderem im Korallenriff die Feuerkorallen *(Millepora*

Portugiesische Galeere *(Physalia physalis)*, Atlantik (Azoren). Diese Staatsqualle treibt auf der Hochsee mit einem gasgefüllten Schwimmkörper an der Wasseroberfläche. Mit ihren bis 10 m tief hinab reichenden Tentakeln fängt sie Fische, lähmt diese mit ihren Nesselzellen und zieht ihre Beute durch korkenzieherartige Kontraktionen ihrer Fangarme zur Mundöffnung. Ihr Nesselgift kann auch dem Menschen gefährlich werden. Die Schwimmkörper der Portugiesischen Galeere tragen ein zartes Segel (unten), das sie vor dem Wind treiben lässt.

sp.) und die in allen tropischen Meeren sowie im Atlantik vorkommenden Federpolypen (Lytocarpia myriophyllum). Zu den Medusen, vor denen man sich in Acht nehmen muss, gehören die Leuchtqualle (Pelagia noctiluca), die im Mittelmeer weit verbreitet ist, ebenso die Gelbe (Cyanea capillata) und die Blaue (C. lamarckii) Nesselqualle, die in allen kühleren Regionen des Atlantiks (auch Nord- und Ostsee) und Pazifiks beheimatet sind. Auch die in allen Meeren vorkommende Feuerqualle (Chrysaora quinquecirrha), deren Schirm bis 20 Zentimeter Durchmesser erreichen kann und die ihre 2,5 m langen, feinen Tentakeln hinter sich her schleppt, kann heftiges Brennen auf der Haut verursachen.

Es gibt aber auch wirklich gefährliche Medusen. Hierzu gehört die im Atlantik verbreitete Portugiesische Galeere (Physalia physalis), eine Staatsqualle mit bläulichem Schwimmkörper, der an der Wasseroberfläche treibt. Ihre Tentakeln, an denen Millionen von Nesselzellen sitzen, reichen bis 10 Meter hinab. Das Tier ernährt sich von Fischen, die sehr schnell gelähmt und schwimmunfähig sind. Da es sich bei dieser Qualle um einen Hochseebewohner handelt, bekommt man sie nur zu Gesicht, wenn länger anhaltende auflandige Winde sie zur Küste treiben. Da Taucher im Allgemeinen durch ihren Anzug geschützt sind, kommen sie nicht so leicht mit den gefährlichen Nesselfäden in Kontakt wie Schwimmer, bei denen es durch Muskelkrämpfe und anschließendes Ertrinken schon zu tödlichen Unfällen gekommen ist.

Zu den zweifellos gefährlichsten Medusen gehören die Würfelquallen oder Seewespen (Fam. Chirodropidae), Tiere mit einer bis 30 Zentimeter großen, würfelförmig-rundlichen, bläulich-halbtransparenten Schwimmglocke und feinen Tentakelfäden von mehreren Metern Länge. Manche Arten sind äußerst geschickte Schwimmer. Der von der Schirmglocke ausgestoßene Wasserstrahl kann aktiv umgelenkt werden, so dass eine Richtungsänderung schnell erfolgen kann. Ihr Vorkommen ist an den australischen und philippinischen Küsten nicht selten. Durch diese Würfelquallen kommt es in jedem Jahr zu tödlichen Unfällen. Je nachdem, wie intensiv der Hautkontakt mit den Tentakeln dieser Tiere erfolgt ist, um so heftiger sind die Vergiftungserscheinungen. Das Gift besteht aus einem Gemisch hochwirksamer Eiweißkörper, die teilweise auf alle Körperzellen des Betroffenen wirken, rote Blutkörperchen platzen lassen, teilweise auch sofortigen Herzstillstand auslösen. In Australien in Gebieten des Vorkommens dieser Quallen steht zwar ein Antiserum zur Verfügung, doch muss es in kürzester Frist verabreicht werden, da das Nesselgift schon nach 15 Minuten heftigste Reaktionen auslöst.

Die Seewespe (Chiropsalmus quadrigatus), die Fische ihrer eigenen Körpergröße überwältigt, kann auch dem Menschen gefährlich werden.

## Erste Hilfe

Als Erste-Hilfe-Maßnahme hat sich bei allen (auch den weniger gefährlichen) Nesselkontakten das Abreiben der betroffenen Körperstellen mit Haushaltsessig (5 %ige Essigsäure) bewährt. Zwar sind auch an solchen Küsten weniger die durch ihren Anzug geschützten Taucher gefährdet als Badende mit großen freien Hautpartien und vor allem Kinder im seichten Wasser, die – trotz der gerade in Australien hoch entwickelten Unfallvorsorge und modernen Medizintechnik – durch die oft schockartig wirkenden Nesselgifte zu Tode kommen. Jeder Taucher muss jedoch diese Gefahren kennen, nicht zuletzt um auch gegebenenfalls anderen helfen zu können. Ein »Quallen-Alarm« (jellyfish alert) muss daher ernst genommen werden, und es empfiehlt sich in jedem Fall, vor dem Tauchen an einsamen Stränden Ortskundige zu befragen.

## Weichtiere (Mollusca)

Weichtiere tragen ihre Bezeichnung wegen ihres durchweg weichen Körpers, dem ein hartes Skelett fehlt. Die ca. 128 000 Arten gliedern sich im Wesentlichen in drei sehr unterschiedliche Hauptgruppen: Schnecken, Muscheln und Tintenfische. Gemeinsam ist ihnen eine kalkige Schale, die als Gehäuse ausgebildet sein kann. Bei manchen Arten ist dieses Kalkgebilde ins Innere verlegt oder auch ganz rückgebildet. Es gibt winzige Gehäuseschnecken, die nicht größer werden als 1 Millimeter, andererseits Muscheln wie die Riesenmuschel *(Tridacna gigas)*, die bis zu 1,35 m lang wird. Die größten Weichtiere finden sich unter den Tintenfischen. Der in der Tiefsee lebende Riesenkalmar *(Architeuthis sp.)* erreicht eine Länge von 18 m und ist somit das größte wirbellose Tier der Erde überhaupt. In den Mägen von Pottwalen fand man Tintenfischaugen von der Größe eines Fußballs.

## Schnecken (Gastropoda)

Vielfach werden Schnecken mit Muscheln verwechselt. Dabei sind die Schalen im Allgemeinen leicht zu unterscheiden. Schneckengehäuse sind meist schraubig gewunden, während eine Muschel stets von einer zweiklappigen Schale umhüllt wird. Die Schneckenschale kann von Art zu Art äußerst vielgestaltig sein, lang und spitz oder mehr gedrungen, oder sie ist als offene, flache Spirale (Seeohr, *Haliotis*) ausgebildet. Ausnahmsweise kann sie auch ganz ohne Windungen sein und wie ein kegelförmiger Hut aussehen *(Patella)*. In einem solchen Fall ähnelt die Schneckenschale dann tatsächlich einer Muschelschale. Sie kommt jedoch immer in der Einzahl vor – ist also nie zweiklappig wie bei den Muscheln.

Warzenschnecke (Fam. *Phyllidiidae*), 3–4 cm lang. Wie viele Nacktschnecken ernährt sie sich von Schwämmen.

Zwiebel-Tonnenschnecke *(Tonna cepa),* bis 13 cm lang, Australien bis Indopazifik, nachtaktiv. Sie ernährt sich von Schnecken und Muscheln, in deren Schalen sie mit ihrem säurehaltigen Schleim Löcher ätzt und ihre Beute dann aussaugt.

- Muscheln haben immer eine rechte und eine linke Schale.
- Schneckenschalen sind meist schraubig gewunden.

Viele tropische Schneckenhäuser zeigen von außen besonders hübsche Farben und Zeichnungsmuster und im Innern eine in den Farben des Regenbogens schimmernde Perlmuttschicht, weshalb *Conchylien,* wie man Schnecken- und Muschelschalen früher nannte, von jeher zu den beliebtesten Sammelobjekten gehörten. Auch heute findet man in jedem Strandbazar die oft bizarr und mit vielen Dornen ausgestatteten Schneckenhäuser tropischer Meere. Leider hat diese Vermarktung auch zu einem erschreckenden Rückgang vieler Arten geführt.

Die Schale wird von einem besonderen Organ des Weichtierkörpers gebildet und wächst durch oft gut erkennbare Zuwachsstreifen am Mündungsrand entsprechend mit. Sie ist zeitlebens mit dem Tier fest verbunden. Eine Schnecke kann also ihr Haus nie verlassen. Am Schneckenkörper lassen sich drei Hauptabschnitte erkennen: Kopf, Fuß und Eingeweidesack. Während der Eingeweidesack immer im Gehäuse verborgen bleibt, kann man den Kopf mit Fühlern und Augen, sobald er zusammen mit dem Fuß herausgestreckt wird, gut erkennen. Schnecken kriechen gleitend auf ihrer Unterlage, indem feine Kontraktionswellen über ihre Kriechsohle wandern, gewissermaßen wie ein kontinuierlich von vorn nach hinten wandernder Saugnapf.

Die meisten Schnecken sind Pflanzenfresser und weiden ihre Nahrungspflanzen mit einer besonders gestalteten Raspelzunge ab. Einige Arten jedoch benutzen diese bei Abnutzung nachwachsenden Zungenzähnchen, um an-

Eigelege der Spanischen Tänzerin *(Hexabranchus sp.),* einer 30–50 cm großen, oft frei schwimmenden Nacktschnecke tropischer Meere. In das spiralige Gallertband sind viele tausend mit dem bloßen Auge als Pünktchen erkennbare Eier eingebettet. Aus ihnen schlüpft eine planktische Larve.

dere Schnecken oder Muscheln anzubohren und auszusaugen. Es gibt unter den Schnecken jedoch auch gefräßige Räuber, wie etwa das Tritonshorn *(Charonia nodifera),* die größte (bis 30 cm) europäische Gehäuseschnecke, die Seegurken oder Seesterne, die so groß sind wie sie selber, im Laufe von mehreren Stunden als Ganzes (!) verschlingt.

So wie an Land gibt es auch im Meer viele Nacktschnecken, d. h. Tiere, deren Schneckenhaus im Laufe der Stammesentwicklung zurückgebildet worden ist. Man sollte meinen, dass ein solches Weichtier für einen Beutegreifer ein willkommener Leckerbissen sei, der keine Anstalten zur Flucht macht und nur darauf wartet, gefressen zu werden. Schutzmaßnahmen sind jedoch durchaus vorhanden.

Nacktschnecken enthalten zumeist Gifte oder übelschmeckende Substanzen. Auch haben die uns oft hübsch erscheinenden leuchtend bunten Körperfarben kleiner Nacktschnecken wie rosa, gelb, blau oder violett eine für Räuber abschreckende Funktion. Der an der portugiesischen Atlantikküste vorkommende sog. Seehase *(Aplysia rosea),* eine bis 25 Zentimeter große und voluminöse Nacktschnecke mit ohrähnlichen Fühlern (daher der Name), stößt bei Reizung als Gegenwehr eine rosaviolette Tinte aus. Normalerweise lebt diese Nacktschnecke am Boden gut geschützt im Pflanzendickicht, sie kann jedoch – und dies ist immer wieder ein bewundernswerter Anblick – mit sanften Wellenbewegungen ihres beidseitig zu Flossensäumen ausgezogenen Fußes langsam und elegant durchs freie Wasser schwimmen.

Viele Schnecken sind zwittrig, d. h. es befinden sich männliche und weibliche Geschlechtsorgane im gleichen Individuum. Eine Selbstbefruchtung wird durch zeitlich verschobene Ei- und Samenreifung ausgeschlossen. Aus den Eiern schlüpfen mikroskopische Larven, die im Plankton über große Entfernungen verbreitet werden.

Bunte Meeresnacktschnecken kann auch der wenig Erfahrene, aber biologisch interessierte Taucher mühelos und in aller Ruhe beobachten und – da sie sich nur sehr langsam bewegen – leicht fotografieren.

## Muscheln *(Bivalvia)*

Muscheln sind Weichtiere, deren Körper von einer rechten und linken Schalenklappe schützend umgeben wird. Alle Muscheln sind Bodenbewohner. Die meisten leben mehr oder weniger tief eingegraben in Sand- oder Schlickböden. Dies ist der Grund, weshalb man fast immer nur die leeren Schalen der abgestorbenen Tiere findet, die lebenden Tiere jedoch kaum beobachten kann. Das Eingraben erfolgt mit dem meist zungenförmigen, muskulösen Fuß, der aus der Schale herausgestreckt werden kann. Von Muscheln sieht der Taucher vor allem bei Nachttauchgängen über Sand- und Schlickgründen oft nur die »Siphonen«, d. h. die Atemröhren mit ihrer Ein- und Ausströmöffnung, die das oft sehr tief eingegrabene Tier über die Sandoberfläche streckt. Bei Gefahr können beide Muschelschalen durch Schließmuskeln fest aneinander gepresst werden. Im Vergleich zur Muskulatur anderer Tiere ist die Haltekraft dieser Muskeln besonders groß und sehr dauerhaft.

Alle Muscheln sind Filtrierer, d. h. sie saugen durch eine Einströmöffnung zwischen ihren Schalen ununterbrochen Wasser ein, entziehen diesem den gelösten Sauerstoff, filtrieren mit feinsten Wimperzellen und einem klebrigen Schleim Kleinstlebewesen sowie sonstige organische Partikel ab und leiten das gefilterte

Die bis 3 Zentimeter große Irisierende Kamm-Muschel wird, nachdem sie sich auf der Koralle festgesetzt hat, vom Korallengewebe eingemauert. Sie ernährt sich durch Filtrieren. Deutlich ist die Reihe der roten Augen zu erkennen.

Wasser durch eine besondere Ausströmöffnung wieder nach außen.

Während die meisten Muscheln fast unbeweglich im Sand eingegraben bleiben, kann z. B. die Pilger- oder Jakobsmuschel *(Pecten jacobaeus)* durch rasches Zuklappen der Schalen nach dem Rückstoßprinzip über kurze Strecken schnell schwimmen. Bei geöffneten Schalen sind bei dem etwa 10 Zentimeter großen Tier am Saum des Weichkörpers zahlreiche irisierende Augen zu erkennen, mit denen sich die Muschel bei solchen Bewegungen orientieren kann. Einzelne Arten wie die Miesmuschel *(Mytilus)* und die Auster leben auf Hartsubstraten. Die Miesmuschel heftet sich dabei mit einem Drüsensekret, das wie Alleskleber zu Fäden erhärtet (Byssusfäden), an ihre Unterlage. Sie kann auf diese Weise schweren Brandungswogen trotzen.

Viele Muscheln werden gegessen. Während die Miesmuscheln der Nordsee oder in den Zuchten Nordspaniens sauberes Wasser bevorzugen, leben andere Arten in nährstoffreichen Schlickböden. Austern gelten roh für viele Menschen als Delikatesse. Da auch sie Filtrierer sind, gedeihen Austernzuchten am besten in Mündungsgebieten von Flüssen mit reicher organischer Abwässerfracht (Rhône, Gironde). Die an der spanischen Atlantikküste gezüchtete Große Miesmuschel *(Modiolus)* bevorzugt sauberes, jedoch planktonreiches Wasser.

Nur die lebende Muschel kann ihre beiden Schalen geschlossen halten. Dies ist bei der Zubereitung eines Muschelgerichtes zu beachten. Tote Muscheln dürfen nicht verwendet werden (Vergiftungsgefahr!).

Seit ältesten Zeiten haben die Menschen der Perlen wegen nach Muscheln getaucht. Perlen können grundsätzlich in allen Muscheln (auch in Süßwassermuscheln) entstehen, und zwar reagiert die Muschel auf das gelegentliche Eindringen von Fremdkörpern mit dem Abscheiden von Perlmutter wie bei der Bildung der normalen Muschelschale. Im Laufe von Jahren wird dann zwiebelschalenartig Schicht um Schicht Perlmutter um den Fremdkörper gelagert. Perlmutter ist Kalk, der in kleinen, Licht brechenden Blättchen angeordnet ist.

Die Perlentaucherei, deren Ertrag auf solchen zufälligen Funden beruhte, spielt heute kaum noch eine Rolle, seit besonders in Japan und Australien die Perlenzucht mit der Seeperlmuschel *(Pteria)* in großem Umfang betrieben wird. Hierbei werden kleinste Perlen und Stückchen des Schalenbildungsgewebes in die lebende Muschel implantiert. Die gewünschte gleichmäßig runde Form der Perle hängt dabei vom Geschick des Züchters ab, der Farbton von der Wasserqualität, von Rassen und Unterarten der Muscheln und die Größe von der Wachstumsdauer. Sie kann bei großen Perlen 10 und mehr Jahre betragen.

## Tintenfische *(Cephalopoda)*

Tintenfische, besser gesagt, die Kopffüßer, sind räuberische Weichtiere, die sich hinsichtlich ihrer Organisationshöhe und Reaktionsgeschwindigkeit mit den übrigen Weichtieren, den Schnecken und Muscheln, nicht vergleichen lassen. Die Kopffüßer besitzen hoch entwickelte Augen, die so leistungsfähig sind wie die der Wirbeltiere. Viele Arten zeigen bei der Paarung komplizierte Verhaltensweisen, die nur ein hoch entwickeltes Gehirn im Zusammenhang mit empfindlichen Sinnesorganen verarbeiten kann. Nicht nur Bildsehen, sondern auch ein Wiedererkennen von Farbfiguren und Zeichnungsmustern ist nachgewiesen.

Über das Nervensystem wird auch in besonderem Maß die äußere Körperfarbe gesteuert. Es können blitzschnell verschiedene Muster von grauen, braunen, roten und violetten Farbtönen über den Körper laufen, oft als Zeichen der Erregung oder auch als sofortige Anpassung beim Schwimmen über verschiedenfarbigen Untergrund. Arten, welche die stets dunkle Tiefsee bewohnen, besitzen vielfach Leuchtorgane.

Am Körper der Tintenfische kann man äußer-

Riesenmuschel *(Tridacna sp.)*, Malediven. Die Tiere – dieses hier in der Aufsicht auf den gewellten Mantelrand – ernähren sich von Plankton und mit Hilfe von eingelagerten Algen symbiontisch. Die Große Riesenmuschel erreicht eine Länge von 1 m und ein Gewicht von bis zu 200 kg. Alle Arten dieser Gattung sind vom Aussterben bedroht.

Die Sepia kann geschickt auch in bewachsenem Gelände manövrieren. Zum Rückstoß-Antrieb für die größeren Strecken kommt noch der beidseitige Flossensaum, dessen Wellen vorwärts und rückwärts schlagen können.

zen als Versteifung des Weichkörpers den kalkigen Schulp – den Liebhabern von Wellensittichen hinlänglich bekannt.

Das schnelle Schwimmen der Kopffüßer erfolgt immer nach dem Rückstoßprinzip, wobei Wasser in die sog. Mantelhöhle, eine von einer muskulösen Hülle umgebene Kammer eingesaugt und durch eine Trichterdüse ausgestoßen wird. Die Antriebsdüse ist nach allen Richtungen schwenkbar, wodurch das Tier äußerst wendig ist. In Ruhephasen wird nur so viel Wasser eingesogen und abgegeben wie zur Atmung erforderlich, denn in der Mantelhöhle befinden sich auch die federför-

lich einen Kopfabschnitt mit den zehn Fangarmen (beim Oktopus sind es nur acht) und einen Eingeweidesack unterscheiden. Je nach Lebensweise ist die Körpergrundgestalt entweder langgestreckt-spindelförmig mit seitlichen Flossen wie bei den **Kalmaren,** die Hochseeformen sind und schnelle Schwimmer, oder der Körper ist eher plump und sackförmig wie bei den **Kraken,** die als Bodenbewohner nur gelegentlich schwimmen. Eine Mittelstellung in dieser Hinsicht nimmt die **Sepia** *(Sepia officinalis)* ein, ein Tier, das tagsüber oft bis auf die Augen im Sand flach eingegraben liegt und des Nachts beim Beutefang in Seegraswiesen geschickt manövrieren kann. Sie kann dabei den Wellenschlag der seitlichen Flossensäume wahlweise vorwärts oder rückwärts betätigen; auch kann sie regungslos auf der Stelle stehen.

Eine Schale besitzt nur das **Perlboot** *(Nautilus),* gekammert wie die ausgestorbenen Ammonshörner (Ammoniten). Kalmare haben in ihrem Innern als Rest dieser Hartstruktur ein schwertförmiges Horngebilde. Sepien besit-

Begegnung mit einem Perlboot *(Nautilus).* Von diesen als »lebende Fossilien« bezeichneten Kopffüßer gibt es heute nur noch wenige Arten im Indopazifik. Wegen der Beliebtheit ihres gekammerten Gehäuses sind sie der Ausrottung nahe.

migen Kiemen, die bei der Atmung von frischem, sauerstoffreichem Wasser umspült werden müssen.

In die Mantelhöhle mündet auch der Tintenbeutel, ein im Tierreich einzigartiges Organ. Abgesondert von der Tintendrüse wird die Tinte, eine schwarzbraune Flüssigkeit, im Tintenbeutel gespeichert. (Diese Sepia-Tinte wurde übrigens schon im Altertum zum schreiben verwendet.) Bei Gefahr wird mit dem Rückstoßwasser eine auf der Stelle verweilende dunkle Farbwolke erzeugt, die für einen Verfolger eine Art Attrappe darstellt und ihn ablenkt, während der Tintenfisch selbst längst das Weite gesucht hat. Und da schwarze Tinte in der dunklen Tiefsee nicht zu sehen wäre, verfügen Kopffüßer dieser Zonen *(Heteroteuthis)* über eine leuchtende Tinte.

Die mit vielen Saugnäpfen auf ihrer Innenseite besetzten Fangarme stehen am Kopf rund um die Mundöffnung. Im Mund befinden sich Hornkiefer, die einem Papageienschnabel ähneln. Ein giftiger Speichel kann die Beute lähmen und gefügig machen. Zwei der Fangarme unterscheiden sich erheblich von den übrigen: Sie sind viel länger und dünner und tragen an ihrem Ende eine Verdickung. Der linke von ihnen trägt beim Männchen anders angeordnete Saugnäpfe oder feine Falten. Dieser Fangarm dient als Begattungsorgan. Bei der Paarung »überbringt« das Männchen dem weiblichen Tier ein Spermapaket *(Spermatophore),* d. h. einen mit einer Klebmasse zusammengehaltenen Klumpen von Samenzellen, den das Weibchen in eine besondere Hauttasche aufnimmt. Nach der Befruchtung der Eier werden diese in schwarzbraunen Trauben an Algenstängeln oder dergleichen angeheftet. Im Frühsommer findet man solche Eigelege von Sepien nicht selten beim

Tauchen zwischen Pflanzen in wenigen Metern Tiefe. Während die Sepia-Eier etwa Erbsengröße haben, sind die Eier des Kraken (Oktopus) nur wenige Millimeter groß und werden in großer Zahl (ca. 100 000) gardinenartig vor Höhlen oder Felsnischen gehängt, vom Weibchen bewacht und mit Hilfe seiner Trichterdrüse mit frischem Wasser umspült.

Gelege von Kraken. Diese Eischnüre werden vom Weibchen an Höhlendecken oder Felsnischen geheftet und bis zum Schlüpfen bewacht. Teil der Brutfürsorge ist auch das regelmäßige »Anblasen« mit frischem Wasser aus der Ausströmdüse.

Junge Kraken leben vielfach auf Sandböden und graben sich tagsüber bis zu den Augen ein. Ihre wichtigste Nahrung sind Muscheln, nach denen sie den Grund mit ihren Fangarmen durchwühlen. Ältere Tiere hingegen bevorzugen felsiges Gelände, das ihnen Schlupfwinkel bietet.

Junge Kraken verharren auf offenen Sandböden tagsüber meistens eingegraben und gehen nur nachts auf Beutefang.

Nicht selten verrät uns ein Oktopus sein Versteck durch eine Art »Muschelgärtchen«, einen Kranz von ausgefressenen Muschelschalen, die rund um den Eingang seiner Wohnhöhle im Sand stecken.
Einer der größten Feinde aller Kopffüßer ist der Mensch, der Kalmar, Sepia und Oktopus mit den verschiedensten Fangtechniken zu Leibe rückt. Während das Oktopusfleisch, obwohl eher zäh und weniger genießbar, in Europa besonders in südlichen Ländern eine lokale Bedeutung hat, beläuft sich die Anlandung von Kalmaren weltweit auf viele hunderttausend Tonnen. In Mitteleuropa wird dies weniger bemerkt, da – aus welchen Gründen auch immer und anders als in anderen Ländern – Kalmar von nur wenigen Menschen als delikates Gericht geschätzt wird.

## Schnecken, Muscheln und Tintenfische

Vergleicht man von ihrem Äußeren her Schnecken, Muscheln und Tintenfische, so würde man ohne Kenntnis des inneren Bauplanes, ohne von ihrer Embryonal- und Larvenentwicklung zu wissen und ohne die Zusammenhänge ihrer inneren Organsysteme zu kennen, kaum darauf kommen, dass diese verschiedenartigen Tiere ein und derselben Verwandtschaftsklasse angehören. Die Forschung hat jedoch etliche stammesgeschichtliche Zwischenglieder zutage gefördert, und die zahllosen versteinerten Weichtierschalen, Muschel- und Schneckenschalen, dazu viele Ammonshörner und Donnerkeile *(Belemniten)* ausgestorbener Formen lassen einen fein verzweigten gemeinsamen Stammbaum erkennen.
Auch gibt eine lückenlose Entwicklungsreihe von der primitivsten lichtempfindlichen Zelle bei manchen Schnecken bis zu den hoch entwickelten Kameraaugen der Tintenfische uns eine Vorstellung davon, wie das ganz ähnliche Auge der Fische bis hin zum Menschen entstanden sein kann.

## Krebse *(Crustacea)*

Die Krebse sind eine äußerst artenreiche und vielgestaltige Gruppe innerhalb der Gliederfüßer. Es sind kiementragende, typische Wassertiere, von denen nur eine kleine Gruppe der Asseln das trockene Land erobert hat. Alle anderen sind zumindest zeitweise, während der Fortpflanzung, an das nasse Element gebunden. Eine allen gemeinsame Körperform mit einer einheitlichen Anzahl von Beinen gibt es nicht. Größe und Lebensform sind äußerst unterschiedlich. Zwischen den Extremen, wie etwa den jedem Aquarianer bekannten »Wasserflöhen«, von denen es verwandte Arten auch im Meer gibt, und dem bis 75 cm lang und 4 Kilogramm schwer werdenden Hummer lebt eine große Schar vielfältigster Formen und Gestalten in allen Gewässern. Der überwiegende Teil davon lebt im Meer – und auch hier im freien Wasser der Hochsee und am Meeresgrund vom Gezeitenbereich bis in die Tiefsee. Selbst festgewachsene Formen wie die Seepocken und Eingeweideschmarotzer gibt es unter den Krebsen. Das chitinige Außenskelett der Garnelen ist zart und dünn und erlaubt ein Schweben im Wasser, andere – wie die Langusten und die Seespinnen großer Tiefen, mit einer Spannweite bis 3 Meter – schleppen einen schweren, verkalkten Panzer mit sich herum. Auch die Ei- und Jugendentwicklung zeigt ein Bild großer Mannigfaltigkeit.

Viele aus dem Ei geschlüpften Tiere ähneln zuerst in nichts der Körperform ihrer Eltern, und sie leben als mikroskopisch kleine Larven im Plankton. Wie bei allen Gliederfüßern ist ein Wachstum nur möglich, wenn sich die Tiere häuten, da das äußere Chitinskelett nicht mitwächst. Alle Krebse besitzen zwei Paar Fühler, von denen ein Paar allerdings oft sehr klein ist. Die Anzahl der Beine wird bei vielen Arten mit jedem Häutungsschritt um ein Paar vermehrt. Im Verlauf der Häutung werden auch abgebissene, durch Unfälle, Kämpfe und dergleichen abhanden gekommene Gliedmaßen ersetzt.

## Zehnfußkrebse (Dekapoda)

Von den vielen Klassen der Krebse sind die Zehnfußkrebse die augenfälligsten. Zu ihnen gehören einmal die Schwimmkrebse (Natan-

Ein seltener Anblick: Languste auf Wanderschaft auf dem ungeschützten Sandboden.

tia) mit den Garnelen, zum anderen die Schreitkrebse (Reptantia) mit bekannten Formen wie Seespinne, Hummer, Taschenkrebs und Languste. Aber auch hier bedeutet das namengebende Kennzeichen der »Zehn«fußkrebse nicht, dass sie »nur« zehn Gliedmaßen tragen. Es können in Wirklichkeit sehr viel mehr sein. Betrachtet man sich einen Hummer oder eine Languste von der Unterseite, so erkennt man am Hinterleib noch viele kleine, mit Flossenblättchen besetzte Beinchen, mit denen das Tier gut schwimmen kann. Immerhin, zum Laufen benutzen die Zehnfußkrebse ihre fünf Paar Schreitbeine, von denen eines eine große Schere tragen kann.

Zu den Schwimmkrebsen gehört eine Reihe von Garnelen, die in Nord- und Ostsee sowie im Atlantik und Mittelmeer häufig vorkommen. Man kann die 6–8 Zentimeter großen Arten nur mit der Lupe unterscheiden. Ähnlich wie bei vielen Fischen ist die Namengebung verwirrend und nicht immer eindeutig. Die sandfarbene bis durchsichtige Nordseegarnele (Crangon crangon) ist ein Bewohner flacher Sand- und Schlickgründe. In der Nordsee ist sie von wirtschaftlicher Bedeutung (deutsch: Krabben; englisch: shrimps; französisch: crevettes). »Krabbe« ist das niederdeutsche Wort für Krebs. Es hängt mit dem Wort »kriechen« und »krabbeln« zusammen und wird für Krebstiere verschiedenster zoologischer Zugehörigkeit verwendet. Garnelen werden von Hühnern und vom Menschen als Delikatesse geschätzt (Krabbensalat etc.). Die sehr viel größeren, ähnlich aussehenden Arten stammen aus bis zu 500 m Tiefe.

Der Hummer *(Homarus gammarus)* ist einer der größten Zehnfußkrebse. Seine großen Scheren sind unterschiedlich gestaltet (Knack- und Greifschere). Er kann damit auch kräftige Muscheln leicht zerdrücken. Man sieht ihn gelegentlich beim Tauchen an felsigen Küsten in ca. 5–40 m Tiefe. In Deutschland wurden 1935 bei Helgoland noch 70 000 Stück gefangen. Dort ist er jedoch seit langem ausgerottet. In Europa wird Hummerfang bei den Berlengas (Inseln vor der portugiesischen Westküste) noch in großem Umfang betrieben. Man muss sich vergegenwärtigen, dass das Wachstum dieser großen Gliederfüßer sehr langsam erfolgt. Ein Hummer wächst durchschnittlich 1 Zentimeter pro Jahr, in der Jugend etwas schneller, im Alter immer langsamer. Dies bedeutet, dass ein Hummer von »Tellergröße« ca. 15–20 Jahre alt ist. Aus diesem Grund dürfte eine Zucht, das sog. »marine farming«, dieser Krebse kaum lohnen.

Die Languste *(Palinurus elephas = P. vulgaris)* besitzt keine Scheren. Auch sie lebt wie der Hummer in Felshöhlen. Sie ernährt sich von kleinen Weichtieren, Würmern und Aas. Wie alle Krebse dieser Verwandtschaftsgruppe besitzt sie außer sehr kräftigen Kiefern einen Kaumagen, d. h. die Magenwände sind mit Zähnen besetzt (die bei jeder Häutung erneuert werden), die die letzte Zerkleinerungsstufe der Nahrung übernehmen.

Diese kleine Spinnenkrabbe hat bei einem Kampf einige ihrer Beine eingebüßt, aber glücklicherweise werden diese nach einigen Häutungen ersetzt.

Sehr viel kleiner als der Hummer ist der Kaisergranat *(Nephrops norvegicus),* der von Norwegen bis Nordafrika in Feinsandböden tagsüber eingegraben lebt. Er erreicht eine Maximallänge von 24 Zentimeter und wird erst mit 3–5 Jahren fortpflanzungsfähig.

Von gedrungenem Körperbau sind der Taschenkrebs *(Cancer pagurus)* und die Seespinne *(Maja squinado).* Sie werden als Kurzschwanzkrebse *(Brachyura)* den Langschwanzkrebsen *(Macrura)* wie Hummer und Languste gegenübergestellt. Bei den Kurzschwanzkrebsen ist der Hinterleib zurückgebildet und unter den mächtigen Panzer geklappt. Auch diese Krebse gehen nicht rückwärts, wie es im Volksmund heißt. Eher trifft die niederdeutsche Beschreibung »Dwarslöper« = Querläufer zu, da die Tiere oft seitlich laufen. Die Seespinne (die natürlich keine Spinne, sondern ein Krebs ist) lebt in Algenbeständen in größeren Tiefen und steigt nur im Frühsommer zur Eiablage in geringere Tiefen empor.

Einsiedlerkrebse, von denen es viele Arten gibt, leben in leeren Schneckenhäusern. Im Allgemeinen fressen sie die Schnecken nicht

In der Regel fressen Einsiedlerkrebse die Schnecke nicht auf, um an ihr Haus zu gelangen, sondern suchen sich ein zu ihrer Größe passendes leeres Schneckenhaus.

vorher auf, sondern suchen sich unbewohnte Schneckenschalen, wobei sie – wie Versuche gezeigt haben – sehr wählerisch sind, sofern sie die Möglichkeit haben, was in der Natur allerdings selten vorkommt. Von Größe, Mündung und Gewicht des Schneckenhauses hängt ihr Wohlbefinden, d. h. Wachstum und Fortpflanzungsrate dieser Krebse, in hohem Maße ab. Sie sind durch ihren weichen und verletzlichen Hinterleib auf ein Schutzgehäuse angewiesen und benutzen in Ermangelung eines Schneckenhauses jedes auch nur halbwegs brauchbare Gefäß wie Filmdöschen oder Ähnliches. Oft tragen Einsiedlerkrebse sozusagen uralte »Bruchbuden« mit sich herum, Schneckenhäuser mit zerlöcherten Windungen und ausgebrochenem Mündungsrand, denen man ansieht, dass sie schon von vielen Vorgängern (oder Vorgängerinnen) verwohnt worden sind. Im Übrigen leben »Einsiedler«-krebse genauso gesellig wie andere Krebse.

Wenn man davon absieht, dass von den etwa 20 000 Krebsarten die meisten zu den winzigen Planktonkrebschen gehören, lassen sich viele Krebse beim Tauchen an Felsküsten in Nischen und Spalten beobachten. Die meisten Arten sind nachtaktiv.

## Stachelhäuter
## *(Echinodermata)*

Die nur im Meer vorkommenden Stachelhäuter sind hinsichtlich ihrer inneren Organe sehr kompliziert gebaut und hoch organisiert. Sie zeigen andererseits eine Reihe von Merkwürdigkeiten, die sie im Tierreich einzigartig dastehen lassen. Am auffälligsten ist ihre fünfstrahlige Symmetrie, d. h. ein Seestern etwa besitzt nicht wie ein Fisch oder der Mensch eine rechte und eine linke Körperhälfte, die sich zueinander verhalten wie Bild und Spiegelbild, sondern ihr Körperbau ist strahlig angeordnet wie eine Rosenblüte oder eine quer aufgeschnittene Apfelsine. Es gibt bei diesen Tieren daher auch kein Vorder- und Hinterende und auch keinen Kopf.

Alle Stachelhäuter besitzen wie die Wirbeltiere ein Innenskelett, d. h. der Stachel eines Seeigels zum Beispiel ist mit einer sehr feinen Haut überzogen. Wenn ein Seeigel oder ein Seestern kriecht, bewegt er sich auch nicht wie alle anderen Tiere direkt mit Muskelkraft vorwärts, sondern mittels einer Vielzahl hydraulisch bewegter Füßchen (Ambulacralfüßchen). Alle diese, mit dem bloßen Auge erkennbaren Füßchen, die am Ende im Allgemeinen einen kleinen Saugnapf tragen, sind im Körperinnern untereinander durch ein mit Flüssigkeit gefülltes Leitungsnetz verbunden, wobei kleine, wie winzige Gummibälle gestaltete Bläschen im Innern des Körpers das Ausstülpen und Einziehen der Füßchen im Einzelnen bewirken und Ventile im Leitungssystem für die entsprechende Druckverteilung sorgen.

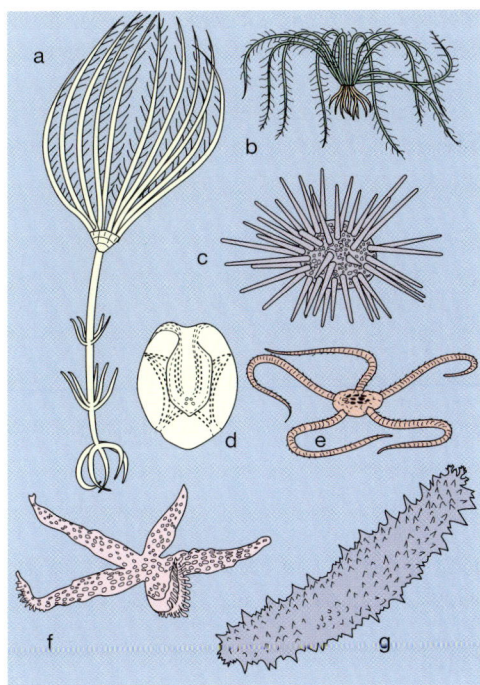

Stachelhäuter treten uns in recht unterschiedlicher Gestalt entgegen:
a) Festsitzende Seelilie (ursprünglichste Form).
   Sie kommt heute nur noch in der Tiefsee
   vor.
b) Frei umherwandernder Haarstern.
   Er besitzt noch ein festsitzendes Jugendstadium.
c) Seeigel. Bei vielen Arten ist die fünfstrahlige
   Symmetrie äußerlich erkennbar.
d) Herzigel. Die meisten dieser irregulären
   Seeigel graben sich im Sand ein.
e) Schlangenstern.
f) Fünfarmiger Seestern.
g) Seegurke.

Der eigentümliche Bauplan der Stachelhäuter
erklärt sich aus ihrer Evolution: Die Vorfahren
aller Stachelhäuter in erdgeschichtlicher Zeit
waren die Seelilien, festsitzende Tiere. Sie
waren Partikelfresser, und ihre »Füßchen«

waren Fangtentakel. Auch heute gibt es noch
Verwandte dieser Seelilien, aber es sind Tief-
seeformen, und der Taucher bekommt sie
nicht zu Gesicht.

## Seeigel *(Echinoidea)*

Seeigel sind zumeist abgeplattet-kugelförmig
und tragen bewegliche Stacheln. Die Fortbewegung erfolgt sehr langsam mit Hilfe der Stacheln, auf denen sie stelzen. Mit den Saugfüßchen halten sie sich am Untergrund oftmals so fest, dass diese, wenn man das Tier
hochnimmt, abreißen. Sie wachsen nach kurzer Zeit nach. Die Mundöffnung befindet sich
auf der Unterseite. Der Darmausgang ist ein
winziger Porus und mit dem bloßen Auge
nicht zu erkennen. Augen besitzen die Seeigel
nicht, aber sie können mit Hilfe lichtempfind-
licher Zellen Tag und Nacht unterscheiden.
Ob ein Tier männlichen oder weiblichen Ge-
schlechts ist, ist äußerlich nicht zu erkennen.
Bei der Fortpflanzung werden die mikroskopischen Ei- und Samenzellen ins freie Wasser
abgegeben. Im freien Wasser – außerhalb des

Bei diesem Seeigel *(Tripneustes gratilla)*
erkennt man sehr gut die fünfstrahlige
Symmetrie und die weit ausgestreckten,
haarfeinen Füßchen.

Der Leder-Seeigel *(Asthenosoma sp.)* trägt an den Stachelspitzen weiße Giftblasen. Die Stiche sind sehr schmerzhaft.

Körpers also – findet auch die Befruchtung statt. Es ist nicht uninteressant, dass am Seeigel-Ei vor über hundert Jahren zum ersten Mal überhaupt der Befruchtungsvorgang in einem Wassertropfen unter dem Mikroskop vom Menschen beobachtet wurde (OSKAR HERTWIG, 1875). Das sexuelle Prinzip, das heute bereits jedem Schulkind geläufig ist, war zu jener Zeit eine Sensation und veränderte das gesamte Weltbild. Aus dem befruchteten Ei entwickelt sich eine mikroskopisch kleine Larve, die sich nach einigen Wochen am Boden niederlässt und zu dem Stachelhäuter der bekannten Form heranwächst.

Es gibt ca. 750 Arten. Viele werden etwa 6–8 Jahre alt. Neben sehr kleinen, nur 1 Zentimeter großen Arten erreichen andere einen Durchmesser von 18 Zentimeter. In der Tiefsee kommen wesentlich größere Arten vor. Seeigel finden sich ab der Gezeitenzone bis in alle Tiefen und auf fast allen Böden, die »Regulären«, d. h. die Arten mit gleichmäßig ausgeprägter, fünfstrahliger Symmetrie, meist auf Hartböden. Sie weiden mit ihrem an der Mitte der Unterseite befindlichen Kiefer, der wie der mehrarmige Greifer eines Krans gestaltet ist, den Algenbewuchs ab.

Einer der häufigsten Seeigel ist der Steinseeigel *(Paracentrotus lividus)*. Jugendformen leben oft in Gezeitentümpeln als »Lochbewohner«. Hier erweitern sie mit Hilfe ihres Kiefers natürliche Vertiefungen zu kleinen Wohnhöhlen, die ihnen vor der Brandung Schutz bieten. Als ältere Tiere bewohnen sie Tiefen ab 5 m.

Der Dunkelviolette Seeigel *(Sphaerechinus granularis,* bis 12 cm ⌀, Mittelmeer, bis 120 m Tiefe) und der Essbare Seeigel *(Echinus esculentus,* bis 17,5 cm ⌀, Island bis Portugal, bis 1200 m Tiefe) haben kurze, stumpfe Stacheln. In südlichen Ländern gelten die Eierstöcke roh oder gedünstet als Delikatesse.

In tropischen Meeren ist besonders der Diadema-Seeigel *(D. setosum,* Indopazifik; *D. antillarum,* Karibik) auffällig, dessen hohle Stacheln zwei- bis dreimal so lang sind wie der Durchmesser der Körperkugel.

Manche Seeigel besitzen sehr spitze und brüchige Stacheln, die bei Berührung leicht in die Haut eindringen und abbrechen. Da alle Stacheln mit einem sehr dünnen Häutchen aus lebendem Gewebe überzogen sind, kann es durch dieses Fremdeiweiß zu unangenehmen lokalen Entzündungen kommen.

Daneben gibt es noch die sog. Irregulären Seeigel, d. h. solche, bei denen der regelmäßig-strahlenförmige Körperbau verändert ist. Der Taucher findet sie viel seltener, oft nur die Schalenskelette der toten Tiere. Sie leben auf Sandböden, meist eingegraben, und kommen nur nachts hervor. In größeren Tiefen ab 50 m, wo es selbst zur Zeit der Mittagssonne dämmrig bleibt, sieht man sie auch tagsüber. Sie besitzen keine Kiefer und ernähren sich von Kleinstlebewesen, die sie mit ihren Saugfüßchen zwischen den Sandkörnern auftupfen. In europäischen Meeren nicht selten sind der kleine (bis 5 cm Ø) Herzigel *(Echinocardium cordatum),* der sich in ca. 5–150 m Tiefe bis 20 Zentimeter tief in den Sand eingräbt, und der Violette Herzigel *(Spartangus purpureus,* bis 12 cm Ø, 10–900 m Tiefe).

In die gleiche Gruppe gehören die in den Tropen beheimateten Sanddollars *(Clypeasteroidea).* Ihr Körper ist eine nur wenige Millimeter dicke Scheibe mit schlitzförmigen Durchbrüchen. Sie leben oberflächlich im Sand eingegraben, aber mit etwas Übung erkennt der Taucher die kleinen, kraterartigen, strahlenförmig angeordneten Trichter im Sand, unter denen sich das Tier befindet.

Der Walzenseestern *(Choriaster granulatus)* ernährt sich von den verschiedensten Kleintieren, Aas und Korallenpolypen.

## Seesterne *(Asteroidea)*

Sie sind vielleicht die bekanntesten Stachelhäuter. Jedes Kind kennt sie vom Sandstrand, wo die fünfstrahligen, meist auffällig gefärbten Tiere oft angespült werden oder bei Niedrigwasser zurückbleiben. Seesterne kommen auf allen Böden vor, je nach Art und Ernährungsweise auf Sand- oder Felsböden oder in Seegraswiesen. Die meisten der ca.

Der auffällig gefärbte Perlseestern *(Fromia sp.)* lebt schon ab 1 m Tiefe auf Sand und Korallenschutt. Er ernährt sich von Kleinlebewesen und abgestorbenem organischem Material.

2000 Arten leben im Küstenbereich von 0–300 m Tiefe, einige bewohnen die Tiefsee. Sie können sich nur langsam auf ihren vielen Füßchen fortbewegen. An der Spitze eines jeden Armes befindet sich ein primitives Lichtsinnesorgan. Wie bei den Seeigeln befindet sich der Mund auf der Unterseite, der After als kaum sichtbarer Porus auf der Oberseite. Außerhalb des Zentrums kann man mit bloßem Auge von oben die sog. Madreporenplatte, ein kleines, raues und hartes Feld erkennen. Es ist eine siebartig durchlöcherte Kalkplatte, die eine Art Druckausgleich zwischen dem inneren Flüssigkeitssystem und dem umgebenden Wasser ermöglicht. Alle Stachelhäuter besitzen solche Ventilplatten, nur kann man sie nicht überall so gut erkennen wie bei den Seesternen. Bei den Seeigeln beispielsweise sind diese am Grund zwischen den Stacheln versteckt.

Die Ernährungsweise der einzelnen Arten ist sehr unterschiedlich. Es gibt Partikelfresser, viele verdauen jedoch außerhalb ihres Körpers, d. h. sie schleimen die Nahrung ein und nehmen den Schleim, der bereits Verdauungsenzyme enthält, anschließend auf. Der in der

Nicht alle Seesterne besitzen zeitlebens 5 Arme. Manche Arten entwickeln durch Knospung zwischen den ursprünglichen 5 Armen weitere, bis 44 und mehr.

Nordsee häufige Rote Seestern *(Asterias ruber)* kann sehr große Muscheln überwältigen, indem er sich mit den Armen an beiden Schalenhälften festsaugt und die Muscheln zum Öffnen zwingt. Der Seestern stülpt alsdann seinen Magen aus und zwängt ihn in das Innere der Muschel, um diese außerhalb seines eigenen Körpers zu verdauen und die angedaute Masse danach einzusaugen. Auf die gleiche Weise kann der Eisstern *(Marthasterias glacialis)* in Austernzuchten sehr schädlich werden. Der große Kammstern *(Astropecten)* geht auf Sandböden nachts auf Beutefang. Seeigel und Muscheln sind seine Hauptnahrung. Nach Sonnenaufgang gräbt er sich ein. Der Dornenkronenseestern *(Acanthaster planci)* ernährt sich von Korallen. Das Tier, das einen Durchmesser bis zu 60 Zentimeter erreichen kann, kriecht über die Korallenstöcke, lässt seine Magensäfte auf das dünne Korallengewebe einwirken und »schlürft« anschließend das auf diese Weise Vorverdaute ein. Er kann in Riffen periodisch erheblichen Schaden anrichten. Seesterne, die durch Feinde ein oder mehrere Arme eingebüßt haben, gehen im Allgemeinen nicht zugrunde. Nicht selten findet man vierarmige Tiere. Abgerissene Arme wachsen nach.

### Schlangensterne *(Ophiuroidea)*

Diese sind die beweglichsten unter den Stachelhäutern. Ihre fünf dünnen Arme können sich bei einigen Arten wie Schlangen winden, und aufgeschreckte Tiere können rasch fliehen. In wenigen Metern Tiefe findet man im Mittelmeer und Atlantik unter Steinen häufig den schwarzbraunen, oft braun gefleckten Großen Schlangenstern *(Ophioderma longicauda,* bis 25 cm Ø). In größeren Tiefen findet man auf sekundärem Hartboden kleinere, sehr zerbrechliche Arten. Sie können dort den Boden massenhaft, dicht an dicht bedecken. Sie liegen dort mit der Mundseite nach oben und ernähren sich von dem herabrieselnden Regen kleinster organischer Partikel, die sie mit ihren ausgebreiteten Fangarmen aufnehmen.

Schlangensterne können sich flink über jedes Hindernis wie hier über einen großen, becherförmigen Schwamm hinweghangeln.

### Seegurken oder Seewalzen *(Holothurioidea)*

Diese Meeresbewohner, die mit ihrem Aussehen oft Verwunderung auslösen und Anlaß für manchen Taucherwitz geben, gehören zu

Viele Seewalzen wie hier die Zipfel-Seewalze *(Stichopus sp.)* leben auf Sand- und Korallenschuttböden und verdauen die Kleinlebewesen, die sich zwischen den Sandkörnern befinden.

den merkwürdigsten Tieren in Seegraswiesen und auf Sand- und Schlammböden schon in wenigen Metern Tiefe. Durch ihren langgestreckten, spiegelbildsymmetrischen Körperbau unterscheiden sie sich deutlich von den fünfstrahlig organisierten übrigen Stachelhäutern. Meistens liegen sie scheinbar bewegungslos im Sand, und wenn sie vorwärts kriechen, geschieht dies außerordentlich träge. Die größte Art (über 2 m Länge!) lebt im Indopazifik. Die meisten Arten sind Partikelfresser, wobei die im Sand lebenden Formen es insofern nicht so genau nehmen, als sie große Mengen Sand mitfressen, die organischen Bestandteile, die sich zwischen den Sandkörnern befinden, verdauen und den unverdaulichen Sand in Form von großen Kotwürsten hinter sich lassen.

Einzelne Arten wie die Königsholothurie *(Stichopus regalis)* können zur Abwehr die sog. Holothurienseide ausstoßen (Cuviersche Schläuche). Sie wirkt wie ein klebriges Sekret, das sich nur schwer vom Neoprenanzug entfernen lässt und enthält für manche Tiere wie etwa Krebse – für den Menschen jedoch unschädliche – lähmende Gifte.

In China und anderen ostasiatischen Ländern wird aus dem ledrigen Hautmuskelschlauch nach Entfernen der Eingeweide ein Gericht zubereitet (Trepang, Bêche-de-mer), dem eine Wirkung als Aphrodisiakum nachgesagt wird. Die Wirkung dürfte jedoch weniger auf chemischen Inhaltsstoffen beruhen als auf der Vorstellung von Form und Größe dieser Tiere.

## Haarsterne *(Crinoidea)*

Haarsterne sind besonders feingliedrig und zierlich gebaute Stachelhäuter. In ihrer Jugend sind sie festsitzend. Ausgewachsene Mittelmeer-Haarsterne *(Antedon mediterranea)* können mit langsamen Schlägen ihrer federförmigen Arme schwimmen, ein besonders schöner Anblick, den man als Taucher nicht vergisst. Manche Arten, wiewohl frei beweglich, krallen sich mit besonderen Halteorganen in Felsnischen fest und leben von Kleinstpartikeln, die sie mit ihren gefiederten Armen fangen. Bei Tag sind sie selten zu sehen. Das Gorgonenhaupt *(Gorgonocephalus)* besitzt bis zu 70 Zentimeter lange, fein verzweigte Fangarme, die ein scheinbar unentwirrbares Knäuel bilden.

Viele Haarsterne halten sich tagsüber versteckt und klettern bei Dunkelheit an exponierte Stellen, um mit ihrem dichten Fächer Plankton zu fangen.

# Fische –
# ein Wirrwarr von Namen

Die Vielzahl der Fischarten und der Umstand, dass Fische an allen Küsten von alters her eine wirtschaftliche Bedeutung haben, hat eine unüberschaubare Zahl von Namen zur Folge. Fische gingen seit eh und je an Bord der Kutter und auf dem Markt durch die Hand von Menschen, die andere Sorgen hatten, als zur exakten Artbestimmung die Hartstrahlen der Rückenflosse oder die Anzahl der Schuppenreihen über der Seitenlinie zu zählen. Dies hat dazu geführt, dass oft derselbe Name für verschiedene, äußerlich ähnliche Arten verwendet wird. Umgekehrt trägt ein und dieselbe Art in nur einem Land meistens mehrere Namen.

So heißt etwa die Brasse, die den wissenschaftlichen Namen *Spondyliosoma cantharis* führt, in Deutschland Brandbrasse, Braune Brasse, Gestreifte Cantara, Gemeiner Cantharus, Brassen-Canthar und Seekarpfen. Dass dieser Fisch in einem anderen Land anders heißt, möchte man noch hinnehmen, doch heißt derselbe Fisch in Italien in jeder Provinz anders, in Venedig findet man 6 unterschiedliche Bezeichnungen, in Calabrien 3, in Sizilien mindestens 8; ohne die unterschiedlichen Schreibweisen kann man für ganz Italien mindestens 40 Namen für diesen einen Fisch auflisten, in Frankreich je nach Küstenstrich insgesamt 23, in Portugal 5, usw.

Kurz, in ganz Europa von Norwegen bis zum Mittelmeer kann man weit über 100 Namen für eine einzige Art finden, und manche dieser Bezeichnungen werden gleichlautend auch für andere Brassen verwendet. Dies gilt praktisch für alle häufig vorkommenden Speisefische. Hinzu kommt, dass der mit Fischereierzeugnissen befasste Handel, um den Verbraucher zu ködern, vor den unsinnigsten Wortschöpfungen nicht zurückschreckt. So kommt zum Beispiel der Dornhai *(Squalus acanthias)* unter dem Namen Seeaal und der Seeteufel *(Lophius piscatorius)* als Forellenstör zum Verkauf.

Durch die Sportfischerei, besonders aber durch das Tauchen in tropischen Ländern, wurden in den letzten Jahrzehnten viele Fische erstmals fotografiert und in populären Bildbänden dargestellt – oft mit dem Wunsch oder unter der verlagsseitigen Vorgabe, einen für jeden verständlichen deutschen Namen zu verwenden. Für sehr viele fremdländische Fische (und andere Meerestiere) gab es aber nie einen offiziellen deutschen Namen. Dies

Höhlen und schattige Überhänge bieten vielen Tieren Unterschlupf.

hat dazu geführt, dass eine Vielzahl von Phantasienamen durch die Literatur geistert, die eine Übersicht gleichfalls erschwert. Will man daher Missverständnisse bei einem Gespräch über einen bestimmten Fisch ausschließen, bleibt oft nichts anderes übrig, als sich auf den lateinischen, den wissenschaftlichen Namen zurückzuziehen. Leider ist auch dieser nicht immer etwas Absolutes für die Ewigkeit. Nach den internationalen Nomenklaturregeln gilt unter anderem das Gesetz der Priorität.

Zackenbarsche sind ortstreue Bewohner von Grotten und Überhängen. Die massigen Tiere stehen oft sehr lang an einer Stelle, um dann ihre Beute durch einen Überraschungsstart zu schnappen.

Dies besagt, dass die erstmalige Beschreibung und Namengebung Vorrang vor einer späteren hat. Findet sich jedoch nachträglich eine noch frühere Namengebung des fraglichen Tieres, so wird jeweils der spätere Name ungültig und durch den früheren, d. h. den dem Tier zuerst gegebenen, ersetzt. Für die oben genannte Brasse findet sich daher in manchen Fischbüchern zur Klarstellung hinter dem heute gültigen Namen der frühere, in älteren Büchern abgedruckte und inzwischen ungültige Name in Klammern, z. B. *Spondyliosoma cantharis (= Cantharus lineatus)*.

Die Fische, die Taucher im Küstenbereich beobachten, dürften in der Regel der Wissenschaft bekannt sein. Aber ein Unterwasserfoto, das vielleicht eine wenig bekannte Verhaltensweise dokumentiert oder eine bestimmte Art für einen bisher neuen Fundort darstellt, sollte, wenn es in einer Zeitschrift abgebildet wird, nur mit vollem wissenschaftlichen Namen bezeichnet werden.

## Was ist ein Fisch?

Ein Wirbeltier mit Flossen, das im Wasser schwimmt? Reicht diese Antwort zur näheren Bezeichnung dieser Tiere? Die Frage, die auf den ersten Blick so einfach klingt, ist bei näherem Hinsehen von Zoologen nicht mit einem Satz zu beantworten. Jeder hat schon Fische gesehen, sei es im Aquarium, auf dem Mittagstisch oder beim Schnorcheln und Tauchen. Flossen als Fortbewegungsorgane sind zweifellos ein wichtiges Kennzeichen. Vor hundert Jahren war es üblich, auch vom »Walfisch« zu sprechen, und im englischen Sprachraum heißt der Seestern »starfish« und die Qualle »jellyfish«. Heute ist den meisten Menschen geläufig, dass Wale Säugetiere sind, weshalb es sich durchgesetzt hat, nurmehr vom »Wal« zu sprechen. Aber es gibt noch andere Schwimmtiere, die Tintenfische und Haifische, die Rochen, den Meerengel und das Neunauge – sind das auch Fische? – und eben nur andere Arten als Aal, Brasse, Lippfisch, Dorsch oder Butt?

Will man in der Tierkunde genau sein, muss man, wie dies die Wissenschaft vornimmt, zwischen **Knorpelfischen** und **Knochenfischen** unterscheiden, obwohl wir auch hier wieder die gemeinsame Bezeichnung »-fisch« im Wort vorfinden, was zur Beschreibung dieser kiementragenden Wirbeltiere im Hinblick auf ihre Gestalt mit Brust-, Bauch-, Rücken-, After- und Schwanzflossen auch in Ordnung ist. Die Suche nach weiteren Gemeinsamkeiten, die Hai und Hering, Rochen und Scholle verbinden und die sich nicht auch bei allen Wirbeltieren insgesamt wiederfinden, wird jedoch schwierig. Bei näherem Hinsehen müssen wir erkennen, dass Haie und Rochen untereinander mehr gemeinsame Merkmale besitzen, die sie von allen anderen Fischen unterscheiden. Flossen, Kiemen und Stromlinienform besagen hier nicht viel, denn es sind Anpassungen, ohne die ein Leben im Wasser kaum möglich wäre. Es sind gewissermaßen Äußerlichkeiten, die uns bei einer Klassifizierung nicht weiterbringen. Würden wir für die Landwirbeltiere die Bezeichnung »Vierfüßige Lungenatmer« verwenden, dann müssten wir Frosch, Krokodil, Pferd, Huhn, Mensch und Fledermaus zusammenfassen, eine Kategorie, die in sich richtig, aber wenig hilfreich wäre.

Man kann sich natürlich mit der Feststellung, dass einige der flossentragenden Wirbeltiere ein knorpliges, andere ein Knochenskelett besitzen, zufrieden geben, manch einer sucht jedoch nach einer Erklärung und möchte die Zusammenhänge verstehen. Die Bezeichnung »Gräte«, mit der das Rückgrat der Fische gemeint ist, ist nur in der Gastronomie gebräuchlich; sie sagt nichts darüber aus, ob die Wirbelsäule dieses Tieres aus Knochen oder Knorpel besteht.

Wenn wir uns die Stammesgeschichte der Fische vor Augen halten wollen, müssen wir sehr weit in die Vergangenheit zurück. Die Zeit, als der Tyrannosaurus noch durch die Schachtelhalme trabte, ist mit ihren 60 Millionen Jahren nicht so furchtbar lange her – gemessen an der unvorstellbar weit zurückreichenden Epoche, als die ersten fischähnlichen Wirbeltiere in Flüssen und Seen vor 480 (!) Millionen Jahren gründelten. Es waren Partikelfresser, die ohne Kiefer Wasser mit organischen Schwebstoffen oder Plankton durch ihre Kiemen strudelten, sei es als Bodenbewohner oder als Formen des freien Wassers. Auch heute leben noch solche kieferlosen Partikelstrudler im Süßwasser wie im Meer. Es sind die Neunaugen, die als Jungtiere, Querder genannt, im Sand eingegraben kleinstes organisches Material filtrieren. Die Neunaugen haben übrigens nur ein Paar Augen; beiderseits sieben Kiemenöffnungen und die Nasenöffnung haben – zusammen mit dem eigentlichen Auge von der Seite gesehen – zu diesem Namen geführt.

Als ausgewachsene Tiere sind sie Schmarotzer und saugen sich an Fischen fest. Auf diese Weise haben diese langgestreckt-aalförmigen Kieferlosen sich eine neue Nahrungsquelle erschlossen. Ihre ausgestorbenen Ahnen konnten sich mit Hilfe ihrer knöchernen Bepanzerung nur passiv gegen ihre Feinde wehren. Zu dieser Zeit, als sich die eher unbedeutenden, kleinen Wirbeltiere herauszubilden begannen, waren alle wirbellosen Gruppen, besonders Gliedertiere und Weichtiere, hoch entwickelt und hatten im Meer wie im Süßwasser praktisch alle ökologischen Nischen besetzt. Man kann sagen, es wimmelte in allen Gewässern von krebsähnlichen, wasserbewohnenden – heute ausgestorbenen – sehr großen Spinnentieren, um nur diese als Beispiel zu nennen.

Das Pflanzenreich bestand bis dahin nur aus Algen. Erst mit dem letzten großen Entwicklungsschritt, dem Erscheinen der Wirbeltiere, vollzog sich der erste bedeutende bei den Pflanzen. Es entstanden höhere Pflanzen, die auch außerhalb des Wassers, an Land, gedeihen konnten.

Die kieferlosen, fischähnlichen Wesen waren im Laufe der nachfolgenden Zeit kiefertragenden, d. h. aktiv wehrhaften und räuberischen Wirbeltieren unterlegen. Wir können hier von Ur-Kieferfischen sprechen. Sie breiteten sich rasch aus und eroberten über die Flüsse auch das Meer. Sie sind heute ausgestorben, aber es sind die Stammeltern aller Knorpel- und Knochenfische.

## Knorpelfische

### Kleine und große Haie

Während wir bei den Ur-Kieferfischen *(Placodermi)*, die wir nur als Versteinerungen kennen, vielerlei »Flossengarnituren« vorfinden, hat sich seit dem Devon-Zeitalter – das man nicht ohne Grund auch das Zeitalter der Fische nennt – das uns bei heutigen Haien vertraute Muster der Fortbewegungsorgane bewährt und somit seit 350 Millionen Jahren weitgehend unverändert erhalten: ein Paar Brustflossen und ein Paar Bauchflossen mit den dazugehörigen Schulter- und Beckenknochen im Innern. Hinzu kommen zur Stabilisierung die nicht paarweise, sondern in der

Mittelebene (Symmetrie-Ebene) liegenden Rücken- und Afterflossen. Die Schwanzflosse dient nicht nur der Stabilisierung, sondern in erster Linie der Fortbewegung. Im Gegensatz zu ihren Vorfahren haben die Haie kein knöchernes Skelett, sondern eines aus Knorpel, und man hat viel über Vor- und Nachteile dieser erheblich weicheren Gerüstsubstanz gerätselt. Ein mechanisch-funktionell bedingter Vorteil lässt sich kaum erkennen – schließ-

Der Stammbaum der fischartigen Wirbeltiere ragt mit drei Hauptästen in unsere Gegenwart: die kieferlosen Neunaugen, die Knorpelfische (Haie und Rochen) und die unübersehbare Zahl der Knochenfische. Sie alle lassen sich zusammen mit vielen ausgestorbenen Arten auf gemeinsame Vorfahren zurückverfolgen.

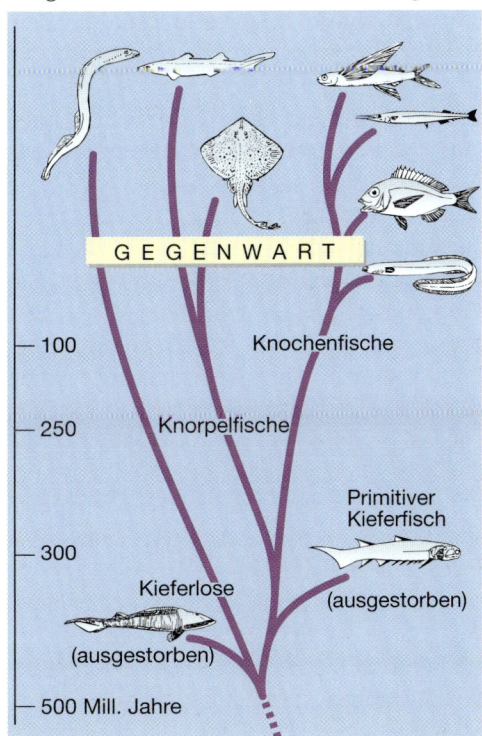

Pilotfische *(Naucrates sp.)* leben nicht nur im Schutz großer Raubfische – hier ein Hai –, sondern auch von dem, was bei dessen Mahlzeit abfällt.

lich gibt es unter den Haien hervorragende Schwimmer, die den Leistungen der Knochenfische nicht nachstehen. Eher wirkt sich ein reines Knorpelskelett beim Wachstumsprozess günstiger aus. Knorpel können schneller um- und angebaut werden und somit schneller mitwachsen.

Am Kopf der Haie fällt das hinter den Augen gelegene sog. Spritzloch auf (eine etwas irreführende Bezeichnung, die auf einer Verwechslung mit den Nasenöffnungen der Wale beruht). Durch dieses Spritzloch strömt das Atemwasser zu den Kiemen. Es wird durch die meist fünf Paar seitlichen Kiemenspalten wieder nach außen geleitet. Besonders bei Bodenbewohnern, deren unterständige Mundöffnung oft eingegraben ist, aber auch bei Hochseeformen während des Fressvorganges, d. h. wenn sie den Mund voll haben, ist eine solche Zufuhröffnung für das Atemwasser wichtig, da Fische ja keine Verbindung von der Nasenhöhle zum Rachenraum besitzen und daher auch nicht durch die Nase atmen können.

Die Haut der Haie fühlt sich sehr rau an und man kann sich an ihr verletzen. Sie ist mit winzigen, sehr spitzen und harten Zähnchen besetzt. Haihaut hat man deshalb früher wie Schmirgelpapier zum Schleifen verwendet. Diese Zähnchen sind prinzipiell aufgebaut wie die Zähne im Mund. Das Material ist ein besonders hartes Dentin. Die Zähne im Mund eines Hais sind nicht wie bei Knochenfischen fest im Kiefer verankert, sondern sitzen auf kleinen Knochenplättchen in der Haut. Beim Reißen und Verschlingen der Beute brechen sie leicht ab. Sie werden jedoch auch im Hinblick auf eine normale Abnutzung rasch ersetzt. Hinter den Zahnreihen stehen fertig ausgebildete Zähne in weiteren Reihen parat. Diese füllen entstandene Lücken schnell aus. Bei einigen Arten erfolgt in der Jugend der Zahnersatz sogar wöchentlich (!).

Haie sind nicht austariert. Zwar verhilft ihnen die sehr ölhaltige Leber zu etwas Auftrieb, aber das reicht nicht. Wie bei einem Flugzeug kann bei einem Hai nur die Vorwärtsbewegung ein Absinken verhindern. In der Hochsee kann er sich deshalb nie ausruhen. Er muss immer schwimmen – sein Leben lang. Der Körperbau der Haie zeigt daher – bei den einzelnen Arten natürlich unterschiedlich stark ausgeprägt – entsprechende hydrodynamische Eigenheiten. Um beim Hin- und Herschwingen der Schwanzflosse nicht ständig abwärts zu schwimmen, sind die Brustflossen als starre Tragflächen ausgebildet, die (zusammen mit dem verbreiterten Kopf) für entsprechenden Auftrieb sorgen und den Bug anheben. Diese starre Tragflächenkonstruktion wird jedoch mit geringerer Manövrierfähigkeit erkauft. Anders als ein Knochenfisch, der mit seinen Brustflossen abbremsen und schnell zum Stillstand kommen kann, muss ein Hai in der gleichen Situation beidrehen.

Er kann nicht direkt abstoppen. Man kann zwar nicht sagen, dass Haie schlechtere oder »weniger elegante« Schwimmer sind, jedoch hat das Prinzip des »dynamischen Auftriebs« dieser Tiergruppe nicht die Vielfalt an ökologischen Anpassungen ermöglicht, wie man das bei Knochenfischen beobachten kann. Diese können sich, austariert durch ihre Schwimmblase, völlig schwerelos und überaus wendig in allen aquatischen Räumen bewegen oder – und das haben sie den Haien voraus – längere Zeit auf der Stelle stehen.

Alle fischähnlichen Tiere besitzen ein besonderes Sinnesorgan, das ihnen die Orientierung im Raum auch bei Dunkelheit erlaubt. Es ist das sog. Seitenlinienorgan, das man bei vielen Fischen als eine auf beiden Seiten des Rumpfes angeordnete Reihe dunkler Poren mit dem bloßen Auge gut erkennen kann. Bei Haien findet sich zusätzlich vorn am Kopf eine Anhäufung solcher Poren. Unter der Haut sind alle diese Poren durch ein feines Kanalsystem miteinander verbunden. In diesen Kanälchen befinden sich Sinnesorgane, mit denen das Tier feinste Wasserströme wahrnehmen kann – so wie wir mit unserem Gehör feinste Luftschwingungen (Töne) wahrnehmen und unterscheiden können. Auch wir können – zwar unvollkommen, aber durchaus vergleichbar – bei völliger Dunkelheit am Hall unserer Schritte abschätzen, ob wir uns in einem kleinen Raum oder etwa in einem weiten Kellergewölbe bewegen. Ein Fisch erzeugt bei jeder Bewegung durchs Wasser Strömungen entlang seinem Körper, und von jedem Hindernis gehen Reflexionswellen aus, so dass sich Fische auch bei völliger Dunkelheit im Raum orientieren können.

Auch die Fortpflanzung der Knorpelfische zeigt einige Besonderheiten. Anders als Kno-

chenfische, die Eier und Samen in oft ungeheuren Mengen (beim Dorsch 5–9 Millionen Eier) ins freie Wasser abgeben, wo sie auch befruchtet werden, findet bei den Haien eine Begattung mit innerer Befruchtung statt. Die dotterreichen Eier des Katzenhais *(Scyliorhinus canicula,* bis 80 cm, Nordsee, Atlantik, Mittelmeer, 10–15 m Tiefe) werden vom Weibchen an Tangen befestigt. Die etwa 10 Zentimeter großen Eikapseln sind mit Fäden ausgerüstet, die spiralig zusammenschnurren und so das Ei sicher im Gezweig einer Alge verankern. Bis zum Schlüpfen vergehen dann mehrere Monate. Viele Haie bringen lebende Junge zur Welt. Nach einer Embryonalentwicklung von bis zu 10 Monaten sind diese bei der Geburt vollkommen »fertig«, d. h. sie können bei einem 3 Meter großen Muttertier schon 50 Zentimeter groß sein und gehen unabhängig und selbständig auf Beutefang. Die »Würfe« sind im Vergleich zu den Eizahlen der Knochenfische klein. Einzelne Arten haben über 100 Junge, die meisten viel weniger. Der Heringshai *(Lamna nasus,* bis 13 m Länge) bringt hingegen höchstens vier Junge zur Welt.

Die räuberischen Hammerhaie (Fam. *Sphyrnidae)* fallen durch ihren T-förmig verbreiterten Kopf auf. Über die Gründe hierfür wird noch viel gerätselt.

### Wie gefährlich sind Haie?

Die meisten Menschen haben eine bestimmte Vorstellung von einem Hai: ein etwa 2–3 m langer, dunkler Torpedo, dessen Rückenflosse beim Schwimmen die Wasseroberfläche durchschneidet, sein Maul voller Zähne, und er hat nichts anderes im Sinn, als einen Menschen anzugreifen. Es gibt solche Haie, aber nur wenige der über 250 Arten entsprechen diesem Klischee.

Da gibt es beispielsweise den Zwerghai *(Squaliolus laticaudus,* Madeira, 1200 m Tiefe), der eine Länge von nur 25 Zentimeter erreicht, und es gibt den bis 18 Meter großen, planktonfressenden Walhai *(Rhinocodon typus,* tropisch warme Meere), dessen Kiemen durch Querstege ein richtiges Fangsieb bilden; es gibt den Riesenhai *(Cetorhinus maximus,* Britische Inseln), der statt Zähnen Kiemenreusen aus dünnen Hornborsten besitzt, mit denen er seine Hauptnahrung, winzige Krebse, aus dem gewaltigen Wasserstrom seiht, den er beim Schwimmen durch Maul und Kiemen fluten lässt; neben tropischen Arten gibt es solche gemäßigter Breiten und Bewohner arktischer Meere, Hochseeformen, Küstenbewohner und solche, die Flüsse hinaufwandern, ja, selbst in Süßwasserseen (Nicaragua) leben einige Arten. Im Meer gibt es Flachwasserbewohner und Tiere, die nur in großen Tiefen leben, einfarbige und gefleckte, flache und mehr rundliche, scheue und neugierige, solche, die durchs Wasser schießen können und ganz gemächliche. Eindrucksvoll ist der Hammerhai *(Sphyrna zygaena,* bis 5 m Länge, Mittelmeer, Rotes Meer, Pazifik, Atlantik) mit seinem T-förmig verbreiterten Vorderkopf. Die breit auseinander gezogenen Riechorgane erlauben ihm möglicherweise ein verbessertes »räumliches Riechen«.

Walhaie *(Rhinocodon typus)* werden über 16 m lang. Als friedliche Planktonfresser ziehen sie gemächlich durch alle wärmeren Meere.

Haie, die für den Menschen gefährlich werden können, sind: der Blauhai *(Prionace glauca,* früher *Carcharias glaucus)* und verwandte Arten aus der gleichen Familie, der Schildzahnhai *(Odontaspis ferox),* der Tigerhai *(Galeocerdo Cuvieri)* und der Weiße, Mörderoder Menschenhai *(Carcharodon carcharias).* Alle diese Arten kommen – mit unterschiedlicher Häufigkeit – weltweit in allen (!) Meeren vor. Vollständige Zahlen über Unfälle mit Haien gibt es nicht. Gesicherte Angaben belaufen sich auf über 300 jährlich. Hiervon verlief die Hälfte tödlich. Zuverlässige Meldungen liegen vor aus den USA, aus Australien, Südafrika, den Bahamas und Bermudas, Mexiko, Hawaii, den Philippinen und den Fidschi-Inseln, Japan, Taiwan, Neuseeland, Indien, Italien und Griechenland. Hinzu muss eine unbekannte Zahl von Unfällen gerechnet werden, die sich in Gegenden mit weniger entwickeltem Meldewesen, wie etwa in der pazifischen Inselwelt ereignen, und natürlich jene Fälle, wo es nie Zeugen gab. Besonders häufig sind Angriffe von Haien in Florida, Australien und Südafrika, hinzu kommt eine hohe Zahl auf offener See im Anschluss an Schiffs- oder Flugzeugunglücke.

Fasst man die über einen Zeitraum von mehreren Jahrzehnten gesicherten Berichte örtlicher Dienststellen und Kliniken zusammen, so lässt sich nicht viel über eine erhöhte Angriffsbereitschaft der Haie hinsichtlich besonderer äußerer Umstände zusammentragen. Unfälle erlitten nicht nur Schwimmer, sondern auch Taucher, Surfer und Wasserskifahrer, bei sonnigem wie bei stürmischem Wetter, im klaren wie im trüben Wasser, tagsüber oder bei Dunkelheit, in Buchten, Flussmündungen und Brackwassergebieten sowie auf offener See – und dies zu allen Jahreszeiten. Oft griffen die Tiere nicht weiter als 50 Meter vom Stand entfernt an, manche in knietiefem Wasser. Viele Unfälle verliefen dadurch tödlich, dass die raubgierigen Haie große Muskelpartien aus der Hüfte oder von den Gliedmaßen ihrer Opfer herausrissen und es zu schweren arteriellen Blutungen mit rasch erfolgender Bewußtlosigkeit und anschließendem Ertrinken kam.

Bei allen Fällen hat sich jedoch eines immer wieder gezeigt: Nahezu alle Unglücksfälle ereigneten sich bei Wassertemperaturen, die höher als 20 °C lagen; hierbei waren die Tiere in der Regel 1,5–5 Meter groß. Bei Temperaturen unterhalb 12 °C zeigen Haie offensichtlich keine Angriffslust. Dies stimmt mit den Erfahrungen überein, dass Unfälle mit Haien aus der Nordsee und dem kühleren, europäischen Atlantik nicht bekannt und Berichte vom Mittelmeer äußerst selten sind.

Die einzige Aussage, die sich aus der traurigen Unfallstatistik ableiten lässt, ist alles andere als befriedigend. Sie besagt, dass sich Unfälle vorwiegend dann zutragen, wenn besonders viele Menschen im Wasser sind, und zwar dort, wo Haie häufiger anzutreffen sind,

d. h. in der warmen Jahreszeit, in den Zentren des Badebetriebs. Für die USA ist dies Florida, in Südafrika ist es die Ostküste (Provinz Natal), in Australien sind es die warmen Gewässer der Ostküste, Queensland und Neu-Südwales. Die wenigen Meldungen vom Mittelmeer beziehen sich auf den Hochsommer. Natürlich muss eingeräumt werden, dass – gemessen an der unüberschaubaren Zahl der Unglücksfälle, die sich weltweit in allen Bereichen des Lebens, des Verkehrs und des Sports ereignen – die Zahl schwerster Verletzungen und Todesfälle durch die Raubgier von Haien verschwindend klein ist. Der persönliche Einzelfall wiegt durch diese Überlegung allerdings keineswegs weniger schwer.

Gänzlich ausschließen kann man die Gefahr, von einem Hai angegriffen zu werden nur, wenn man am Meer seinen Fuß nie ins Wasser setzt. Der Weiße Hai ist zwar eine seltene Spezies, so selten, dass manche Wissenschaftler bereits um seinen Bestand fürchten (in Südafrika und seit kurzem auch in den USA steht er unter Artenschutz). Andererseits sollte man sich vor Augen halten, dass ein Tier, welches sich von Delphinen und Robben ernährt, bei einem Menschen, sofern er im Wasser schwimmt, nicht zögerlich ist.

Glücklicherweise stellen in Europa Haie keine Gefahr dar. An Küsten warmer Meere, wo es regelmäßig zu Todesfällen und schwersten Verletzungen durch diese Meeresräuber kommt, muss man die örtlichen Hai-Warnungen allerdings sehr ernst nehmen.

Die meisten Menschen in Europa hegen Abscheu vor Haien und würden Hai nicht essen, vielleicht aus der Befürchtung, indirekt zum Kannibalen zu werden – denn das Tier könnte ja kurz vorher einen Menschen verschlungen haben, was allerdings bei dem nur selten größer als 1 Meter werdenden Dornhai

*(Squalus acanthias)* kaum möglich ist. Es wird deshalb der in großen Mengen angelandete Hai unter den abenteuerlichsten Bezeichnungen auf den Markt gebracht. So kommt der Heringshai *(Lamna nasus)* als »Karbonadenfisch«, »Kalbfisch« oder »Seestör« in den Handel, und der Dornhai unter so irreführenden Namen wie »Seeaal« oder »Seelachs«, auch »Königsaal«, und in England als »rock salmon«, was so viel heißt wie »Fels- oder Steinlachs«, zum Verkauf, wenn er dort nicht ohnehin namenlos als »fish-and-chips« sein Ende findet. Bei uns wird er geräuchert als »Schillerlocke« verkauft, und Binnenländer, die Fisch oft nur viereckig kennen, nehmen ihn nichtsahnend als paniertes Fischstäbchen aus der Packung.

Zu Adlerrochen (Fam. *Myliobatidae)* sollte man Abstand halten. An der Basis des peitschenförmigen Schwanzes befindet sich ein sägeartig gezähnter Stachel mit Giftdrüsengewebe an seiner Unterseite. Dieses reißt beim Stich ab und gerät in die Wunde. Die Stiche sind auch bei Fischern sehr gefürchtet.

## Meerengel und Rochen

Ein Hai, der als Bewohner flacher Sandböden einem Rochen sehr ähnelt, ist der Meerengel *(Squatina squatina,* bis 2 m lang). Mit seinen Spritzlöchern, den Einlassöffnungen für das Atemwasser, die sogar größer als seine Augen sind, ist er vorzüglich an seinen Lebensraum angepasst. Er ernährt sich von Bodenfischen,

Der Blaupunktrochen *(Dasyatis lymna)* lebt auf Sandböden vor dem Riff. Die helle Oberseite mit zusätzlichen farbigen Flecken macht ihn für seine Feinde schwer auffindbar.

Krebsen und Muscheln.

Als Knorpelfische mit den Haien verwandt sind die Rochen. Sie treten erdgeschichtlich erheblich später auf. Es sind fast ausschließlich Bodenbewohner. Ihr Körper ist flach, der Mund und die fünf Paar Kiemenöffnungen befinden sich auf der Unterseite, und die Brustflossen sind innerhalb der Gruppe in unterschiedlich fortgeschrittenem Maß mit dem Kopf verwachsen. Manche sind lebend gebärend. Die Embryonen sind noch haiähnlich und zeigen somit ein früheres entwicklungsgeschichtliches Stadium. Viele Rochen sind nachtaktiv und gehören zu den Tieren, die oft auf den nicht allzu abwechslungsreichen Sandböden schon in wenigen Metern Tiefe beobachtet werden können. Rochen schwimmen durch flügelartiges Schlagen der Brustflossen. Manche Arten besitzen einen Giftstachel.

Rochen sind jedoch im Allgemeinen nicht aggressiv. Verletzungen treten meistens dann auf, wenn ein im Sand eingegrabenes Tier

Mantas (Fam. *Myliobatidae*) gehören zu den Rochen. Als friedliche Planktonfresser halten sie sich oft in Gruppen vorwiegend im freien Wasser auf.

aufgeschreckt wird. Beim Zurückziehen des Stachels kann eine größere, sehr schmerzende Wunde entstehen, auch bricht der Stachel leicht ab, so dass dieser mit allen Teilen sorgfältig entfernt werden muss. Die Wunde muss ärztlich versorgt werden.

Der Zitterrochen *(Torpedo sp.),* der im Atlantik und Mittelmeer vorkommt, kann bei Berührung Stromschläge bis 200 Volt austeilen. Der Sägerochen *(Pristis)* besitzt wie der Sägehai *(Pristiophorus)* an seinem Vorderende einen sägeähnlichen Fortsatz, der wie ein Zahn aus der Kieferhaut wächst. Mit diesem Grabgerät durchwühlt er den Boden nach Muscheln. Der Flügel- oder Teufelsrochen *(Manta birostris,* bis 6 Meter Spannweite, tropische Meere) ist ein durchs freie Wasser, oft in Riffnähe schwimmender Planktonfresser.

## Knochenfische

Zu den Knochenfischen gehört die Vielzahl der Fische, die jedem vom Aquarium, vom Schnorcheln und nicht zuletzt vom Fischgericht her vertraut ist. Mit über 30 000 Arten sind die Fische *(Teleostei)* die größte und vielgestaltigste Wirbeltiergruppe überhaupt. In jedem Jahr werden immer noch neue Arten entdeckt. Als der Großteil der Echsen in der Kreidezeit ausstarb, ging es bei den Fischen mit der Entstehung neuer Arten erst richtig los. Wissenschaftler nehmen heute an, dass der entwicklungsgeschichtliche Ursprung der Fische im Süßwasser zu suchen ist. Die Vorfahren der heutigen Knochenfische besaßen Lungen als Hilfsorgane, mit denen sie Trockenperioden überstehen konnten. Dieses mit Luft gefüllte Organ gab den Tieren im Wasser zusätzlich Auftrieb. Im Laufe der Evolution trat dann seine Funktion als Auftriebskörper in den Vordergrund, und es entwickelte sich aus dem luftgefüllten Atemorgan die Schwimmblase. Anders als die Haie, die ihren Auftrieb nur durch die Bewegung erhalten, sind die Knochenfische durch die oberhalb vom Schwerpunkt gelegene Schwimmblase völlig austariert, wobei durch eine sog. Gasdrüse gelöste Gase aus dem Blut in die Schwimmblase abgegeben werden können und somit das spezifische Gewicht des Tieres verringert wird, d. h. es steigt nach oben. Umgekehrt kann der Fisch den Füllungszustand seiner Schwimmblase herabsetzen und dadurch sinken. Hierdurch wird Muskelarbeit gespart. Das Gas in der Schwimmblase enthält zwar auch Sauerstoff, Kohlendioxid und Stickstoff, jedoch in anderer Zusammensetzung als in der Luft.

## Bodenfische, Korallenfische, Plattfische

Bei einigen **Bodenfischen,** z. B. Flunder (*Pleuronectes flesus,* Mittelmeer, Atlantik) und Seehase (*Cyclopterus lumpus,* Nordsee und Nordatlantik; seine Eier werden als falscher Kaviar gehandelt), ist die Schwimmblase zurückgebildet. Ihre Schwimmleistungen sind nicht von Dauer. Eine auf flachem Sandboden aufgescheuchte Flunder (oder eine verwandte Art) schwimmt meistens mit schnellen Bewegungen kurz auf und sinkt (!) alsdann ohne Bewegungen zu Boden.

Was für den Taucher die Tarierweste oder das Jacket, ist beim Fisch die Schwimmblase. Nur erfolgt beim Fisch die Dosierung der Füllung feiner und vollkommener.
- In beiden Fällen dient eine solche »Auftriebshilfe« dazu, Muskelkraft zu sparen.
- Viele Knochenfische, die keine Schwimmblase besitzen, zeigen beim Schwimmen keine Ausdauer.

Nicht alle Fische sind stumm:
- Der Knurrhahn benutzt seine Schwimmblase bei seinen knurrenden Lauten als Resonanzverstärker.
- Der Bootsmannsfisch *(Porichthys)* wird seinem Namen gerecht. Er kann laute Pfiffe abgeben.

In der Haut der Knochenfische befinden sich dünne Knochenblättchen, die dachziegelartig übereinander liegen, die bekannten Schuppen. Diese wachsen durch Anlagerung von Jahresringen, so dass man an ihnen bei vielen Arten das Alter ermitteln kann.

Fische sind im Allgemeinen nach dem ersten Jahr fortpflanzungsfähig und leben durchschnittlich 5–10, manche 20 Jahre. Ihr Wachstum erfolgt lebenslang, in den ersten Jahren schneller, mit zunehmendem Alter immer langsamer. Dies ist nicht zuletzt der Grund, weshalb sich die Angaben über Größe und Gewicht vieler Arten in den einzelnen Fischbüchern oft stark unterscheiden. Eine Maximalgröße von Meeresfischen anzugeben ist vielfach kaum möglich, da auch Ernährung und Temperatur über die Größe entscheiden, wobei größere Exemplare in der Regel bei niedrigeren Temperaturen gefangen werden. So werden viele Fische von wirtschaftlicher Bedeutung in der russischen Literatur mit erheblich größeren Längen und höherem Gewicht angegeben, wenn die Maße im nördlichen Eismeer und der Barentsee genommen wurden.

Die Schuppen sind immer von einer dünnen Haut überzogen. Diese Haut kann zum Beispiel bei **Korallenfischen** sehr bunt gefärbt sein. **Plattfische** können ihre Farbe dem Untergrund anpassen. Oft unterscheiden sich die Geschlechter durch ihre hormonell gesteuerte Färbung, wobei das Männchen, wenn es zur Paarungszeit ein Revier verteidigt, besonders farbenprächtig ist (Hochzeitskleid). Etwas, was dem Menschen, da es Teil seiner eigenen Existenz ist, selbstverständlich erscheint, nämlich, dass es immer weibliche und männliche Individuen geben müsse, ist keineswegs der Fall. Nicht nur bei den sog. »Niederen Tieren« (ein Begriff, den es in der

Im Riff ist jedes Fleckchen lückenlos besiedelt,
überall herrscht Raumkonkurrenz.
Festsitzende und darüber die frei bewegliche
Tierwelt bilden eine eng miteinander ver-
flochtene Lebensgemeinschaft.

Biologie gar nicht gibt) – gemeint sind viele
Würmer, Schwämme, Manteltiere oder Korallen –, sondern auch bei den Fischen gibt es
in einigen Fällen Zwitter. Hierzu gehört
beispielsweise der Schriftbarsch *(Serranus
scriba)*, bei dem sich männliche und weibliche Geschlechtsorgane im selben Individuum
befinden. Auch sind manche Arten, wie etwa
die im Mittelmeer und der Biscaya häufig vorkommende Goldbrasse *(Sparus auratus)* und
der in Algenwiesen oft zu beobachtende
grüne, mit leuchtend orangem Längsband
geschmückte Meerjunker *(Coris julis)*, sog.
potenzielle Zwitter. Sie sind im ersten Jahr
Männchen und paaren sich mit den älteren
weiblichen Tieren, danach unterliegen sie
einer Geschlechtsumwandlung, bei der sich
Eierstöcke entwickeln und sich dieselben

Tiere fortan als Weibchen fortpflanzen. Bei
den Laxierfischen, z. B. den oft in dichten
Schwärmen im Mittelmeer und im Atlantik
auftretenden Schnauzenbrassen, ist es umgekehrt. Sie sind im ersten Jahr Weibchen und
werden später zu Männchen.
Die Kiemen der Knochenfische liegen in einer
Kiemenhöhle unter einem Kiemendeckel.
Während bei den Knorpelfischen der Schädel
eine recht einheitliche, kompakte Masse
darstellt, besteht dieser bei den Knochenfischen aus sehr vielen kleinen Einzelkno-
chen, die beweglich miteinander verbunden
sind. Dieses Konstruktionsprinzip hat im
Laufe der Evolution zahllose, immer neue
Kombinationen für spezielle Schnapp-, Beiß-,
Saug-, Reiß- und Schlingtechniken ermöglicht, wobei Zähne praktisch an allen Knochen der Kiefer und des Schlundes auftreten
können. Die Brustflossen, die durch die
Schwimmblase von ihrer Tragflächenfunktion
befreit wurden, konnten vielerlei Aufgaben
beim Vor- und Rückwärtsschwimmen oder
Auf-der-Stelle-Stehen übernehmen. Grundfische wie der Knurrhahn *(Trigla)* können auf

Der Knurrhahn tastet mit den einzelnen
Strahlen seiner Brustflossen die obersten Sand-
schichten nach fressbaren kleinen Krebsen,
Würmern und Weichtieren ab.

den Strahlen der Brustflossen sogar laufen oder im Sand wühlen. Die Knochenfische konnten somit nicht nur die verschiedenartigsten Einzelbiotope im dreidimensionalen Wasserkörper erobern, sondern sich auch praktisch alle denkbaren Beutefangtechniken zu eigen machen und somit jedwede Nahrungsquelle erschließen. Die Kiefermechanismen und Flossenformen sind ohne Zahl. Anders als etwa die unendlich vielen Blattformen der Pflanzen, die oft nach einem genetischen Zufallsmuster gestaltet sind, sind Flossengestalt und Gesichtsschädel der Fische funktionsbedingt.

Das Seepferdchen *(Hippocampus)* beispielsweise lauert in Seegraswiesen auf seine winzigen Beutetiere, die es mit seinen zu einer Pipette verwachsenen Kiefern blitzschnell einsaugt, Papageifische beißen wie mit Nussknackerkraft Steinkorallenäste ab und nutzen den minimalen Nährwert der Brocken. Der Anglerfisch *(Lophius piscatorius)* lockt mit seiner Angel, dem sehr beweglichen ersten Rückenflossenstrahl, Beutefische vor sein riesiges Maul, und der Schwertfisch *(Xiphias gladius)* ändert beim Größerwerden seine Fangtechnik. Als junges (d. h. kleines) Tier packt er einzelne Beutefische mit seinen mit spitzen Zähnen bewehrten Kiefern. Herangewachsen – er erreicht eine Länge von 4,50 m – ist er zahnlos und schlägt mit seinem am Kopf ausgewachsenen Schwert kreuz und quer in die Schwärme und frisst danach die wahllos Getroffenen.

Der vielen Tauchern bekannte, langgestreckte Hornhecht *(Belone sp.)* ist durch eine Gegenschattierung nach unten perfekt getarnt. Mit seinem spitzen »Schnabel« jagt er unmittelbar unter der Oberfläche nach kleinen Schwarmfischen. Viele Bodenfische fressen Muscheln und Würmer aus dem Sand. Ihr Maul ist

unterständig. Beim Sterngucker *(Uranoscopus)*, ebenso ein Grundfisch, sind die Augen nach oben gerichtet (daher sein Name), und auch sein Maul öffnet sich nach oben. Die Richtung, in die er Beute macht, lässt sich ihm sozusagen an den Augen ablesen. Bei der großen Gruppe der Meergrundeln sind die Bauchflossen zu einer Art Saugnapf verwachsen, eine Anpassung an große Turbulenzen im Brandungsbereich. Viele sind Lochbewohner und entsprechend ortstreu, denn eine gute Wohnung gibt man nicht so gerne auf. Ortstreue bei dichter Besiedelung ähnlicher Arten erhöht die Verwechslungsgefahr bei der Partnerwahl. Deshalb haben sich bei Meergrundeln an der Felsküste sowie bei den meisten Korallenfischen nur bunt markierte Arten fruchtbar paaren können.

Eine Etage tiefer, in größeren Löchern und Höhlen, hausen Muräne und Meeraal *(Conger)*. Ihre Haut ist nicht nur schuppenlos und daher »aalglatt«, sondern die bei einer Röhre ungeeigneten Bauchflossen fehlen, dafür bilden Rücken-, Schwanz- und Afterflosse einen Flossensaum, der ein beliebiges Vor- und Rückschlängeln im Wohnkanal erleichtert. Und wieder ein anderer vermag sich mit dem Schlagen seiner Schwanzflosse seinen Verfolgern zu entziehen, indem er sich aus dem Wasser katapultiert, die Brustflossen zu Tragflächen ausbreitet, die dann singend in der Luft vibrieren, um als Fliegender Fisch *(Exocoetus volitans)* erst nach langem Gleitflug irgendwo im Wasser wieder einzutauchen.

Die Muräne geht vorwiegend nachts auf ▷ Beutefang. Sie spürt diese mit Hilfe ihres empfindlichen Geruchsorganes auf. Der hellblau gestreifte Putzerlippfisch hält sich in ihrer Nähe auf und sorgt nicht selten sogar im geöffneten Maul für Sauberkeit.

Die ökologische Nische, in der ein Fisch angesiedelt ist, ist oft nicht ohne Weiteres zu erkennen, da eine ökologische Nische nicht – wie es der Wortsinn verspricht – eine »Nische«, ein nur räumlich begrenztes Plätzchen im allgemeinen Lebensraum ist. Vielmehr bestimmt eine schwer durchschaubare Zahl von Faktoren die Lebensmöglichkeit, wie Temperatur, Strömung und Licht, Tageszeit, Typ der Nahrung und Feinde. Es ergibt sich hierdurch eine Art »Planstelle«, die ein Tier mit bestimmter Funktionsgestalt einnimmt. Doch die Funktionsgestalt allein reicht nicht. Die ökologische Nische kann nur von derjenigen Art besetzt werden, die über die notwendigen Sinnesleistungen, Fortbewegungs- und Fortpflanzungsweisen verfügt. Hieraus folgt, dass auch das Anfüttern von Fischen und anderen Tieren Einfluss auf deren Verhaltensweisen und ihre gewohnte Ernährung ausübt und somit einen unnötigen Eingriff in das Ökosystem darstellt. Dieser mag auf den ersten Blick geringfügig scheinen, doch macht uns das Bild von der Waage deutlich, dass auch eine unmerkliche Änderung der Belastung einer Schale das gesamte

Skorpionsfische sind in der Regel außerordentlich gut an ihren Untergrund angepasst. Ihre Rückenstacheln sind giftig.

Der zu den giftigen Skorpionsfischen gehörende Rotfeuerfisch *(Pterois volitans)* ist kein rasanter Schwimmer. Mit gespreizten Brustflossen treibt er seine Beute langsam in die Enge, um sie dann mit einer blitzschnellen Saugbewegung zu verschlingen.

Gleichgewicht stören kann. Wegen der vielen Wechselwirkungen ist dieses ausgewogene Natursystem oft schwer zu durchschauen, und unsere Kenntnisse sind nach wie vor voller Lücken.

All die genannten Faktoren sind vielfach vernetzt und die Nischen der einzelnen Arten in einem großen Gefüge verzahnt; daher kann eine »Nische« sogar die Hochsee sein, auch wenn sie uns grenzenlos scheint.

### Vorsicht: giftig!

Es gibt auch eine Reihe von Knochenfischen, vor deren Rückenflossenstacheln sich Taucher in Acht nehmen sollten. Hierzu gehören die **Petermännchen** (*Echiichthys sp.*), **Himmelsgucker** (*Uranoscopidae*) und mehrere Arten der **Skorpionsfische** (*Scorpaenidae*), zu denen auch die **Rotfeuerfische** (*Pterois sp.*) sowie der **Stein- oder Teufelsfisch** gehören. Besonders letzterer wird wegen seiner außerordentlich guten Tarnung auf bewachsenen Felsen leicht übersehen und mancher Taucher bemerkt ihn erst, wenn er unmittelbar vor ihm aufschwimmt. Stichverletzungen von diesen Tieren können sehr schmerzhaft sein, und da die genaue Art meistens nicht bekannt ist, sollte ärztliche Hilfe aufgesucht werde.

## Fischschwärme

Zu den eindrucksvollsten Erlebnissen des Tauchers gehört die Beobachtung von Fischschwärmen. Scheinbar ziellos zieht eine unzählbar große Schar parallel, in geschlossener Formation Seite an Seite, teilt sich gelegentlich vor einem Hindernis, um sich danach wieder zusammenzuschließen. Ein Schwarm kann einheitlich wie auf Kommando einen Haken schlagen, er kann blitzschnell zerstieben und sich kurz darauf wieder formieren, er kann im Riff oder an einer Algenwand eine lockere Fressgruppe bilden und im nächsten Augenblick dicht aufschließen und das Weite suchen.

Etwa die Hälfte aller Fischarten bildet wenigstens zeitweise Schwärme, z. B. zur Paarungszeit. Manche Arten, wie etwa Sardinen oder Heringe, leben immer im Schwarm.

Während bei anderen Zusammenschlüssen von Tieren, etwa ziehenden Wildgänsen oder einer Zebraherde, ein erfahrenes oder besonders starkes Leittier an der Spitze eine Führungsposition einnimmt, gibt es bei Fischschwärmen keinen Anführer. Vielmehr orientiert sich jedes einzelne Tier an seinem Nachbarn. Versuche haben gezeigt, dass bei einem nur aus zwei Tieren bestehenden »Schwarm« eines der beiden sogleich in Führungsposition geht. Setzt man ein drittes Tier hinzu, gibt das anführende Tier seine Vorreiterstelle auf und alle drei orientieren sich gleichberechtigt gegenseitig aneinander. Ermöglicht wird dieses gerichtete Parallelschwimmen durch die Kombination zweier Sinnesorgane. Augen und Seitenlinienorgan wirken zusammen. Die Tiere achten zum einen auf einen bestimmten Sichtkontakt. Außerdem ermittelt jedes Individuum durch Wahrnehmen der Strömungswellen den Abstand zum Nachbartier und stellt seinen Abstand zu diesem ein. Dies tun alle gegenseitig, wobei die Zwischenräume fortwährend korrigiert werden und, wie Videoaufnahmen gezeigt haben, um einen einheitlichen Mittelwert pendeln. Die scheinbar strenge Ordnung ist in allen Dimensionen rein statistisch.

Ein Schwarm von Blaustreifen-Schnappern zieht vorüber.

Man sollte meinen, ein großer Fischschwarm sei für einen Beutegreifer leichter zu erkennen als ein Einzeltier. Dies ist jedoch wegen des mit zunehmender Entfernung abnehmenden Kontrastes im Medium Wasser nicht der Fall. (Bekanntlich lösen sich auch beim Fotografieren selbst bei guter Sicht unter Wasser die Konturen mit zunehmendem Abstand vom Objekt durch die Lichtbrechung an Schwebstoffen sehr schnell auf.) Umgekehrt bietet die Schwarmbildung besonders für kleine Arten mehrere Vorteile: Zum einen ist das einzelne Tier sicherer. So wie sich ein Schüler in der letzten Bank hinter seinen »Artgenossen« versteckt und sich in Unauffälligkeit übt, um nicht »dranzukommen«, ist das Risiko besonders im Zentrum des Schwarmes geringer. Tatsächlich trachten die »Außenseiter« auch stets danach, die offenen Flanken zu verlassen und sich allmählich in den mittleren Bereich hineinzudrängen. Zum anderen erzeugt eine große Zahl von möglichen Beutetieren bei einem Räuber den sog. Konfusionseffekt. So wie ein Tennisspieler, der einen Ball treffen soll, in Verwirrung gerät, wenn ihm mehrere Bälle gleichzeitig zugeworfen werden und sich möglicherweise spontan für keinen entscheiden kann, wird ein Beutegreifer irritiert und schnappt allenfalls nach denjenigen, die zufällig ausscheren oder sich sonst irgendwie in Aussehen und Verhalten von den Übrigen unterscheiden.

Bei ausgewachsenen Thunfischen *(Germo alalunga)* hat, bei einer Größe von über 1 Meter und 30 Kilogramm Gewicht der einzelnen Tiere, das Leben im Schwarm eine andere Bedeutung: Sie jagen in breiter Front ihre Beute. Dies ist für die Gesamtheit viel vorteilhafter, als wenn jedes einzelne Tier für sich auf Beutefang ginge, da die Beute, die dem einen entwischt, höchstwahrscheinlich dem Nachbarn vors Maul schwimmt. Leider wird den Fischen jedoch gerade das zum Verhängnis, da der Mensch mit seinen hochgerüsteten Fangflotten diese Schwärme besser orten kann und sie daher kaum eine Chance haben, den Schleppnetzen zu entgehen.

Als Taucher mitten in einen Sardinenschwarm zu geraten ist ein eindrucksvolles Erlebnis, besonders wenn er so groß ist, dass sich durch das Gewimmel das Licht von oben verdunkelt und man das Vorbeiziehen der Fische als leises Rauschen wahrnimmt. Man kann dabei beobachten, wie sich vor dem Taucher der Schwarm geordnet aufteilt und die Tiere nach diesem Hindernis wieder dicht an dicht aufschließen.

Obwohl ein Fischschwarm aus mehreren Millionen Einzeltieren bestehen kann, und jedes isolierte Tier auch wie ein Individuum reagiert, bildet ein Schwarm eine übergeordnete Einheit, in der Zusammenstöße im Allgemeinen nicht vorkommen. Ein Fischschwarm hält auch nachts zusammen und schließt bei Gefahr dichter auf.

# Das Korallenriff – ein empfindliches Ökosystem

## Gefährdung der Korallenriffe und ihr Schutz

Weltweit werden Nachrichten von den Medien verbreitet, Korallenriffe seien gefährdet, Bilder vom Korallentod oder Riffsterben werden gezeigt. Welcher Art sind die Schäden, wie kann man vorbeugen und welchen Anteil an der Beeinträchtigung der Unterwasserbiotope haben die Taucher?

Riffe sind langlebige, oft viele Millionen Jahre alte Strukturen, Ökosysteme die sich auch an katastrophale Ereignisse wie Stürme angepasst haben. Ebenso haben sie extremen Niedrigwasserständen oder der explosionsartigen Vermehrung bestimmter Tierarten, die sich von Korallengewebe ernähren, im Laufe der Erdgeschichte mit Erfolg widerstanden. Große Schäden kann zum Beispiel der Seestern *Acanthaster planci* anrichten. Kommen in solchen Fällen keine weiteren Schäden hinzu, kann sich eine Riffgemeinschaft jedoch in einigen Jahrzehnten wieder erholen. Hier ist es ähnlich wie beim Waldsterben

in Mitteleuropa, bei dem der Befall von Holzschädlingen, extreme Klimafaktoren, wie sie zuweilen auftreten, nur dann verheerende Folgen zeigen, wenn die Lebensgemeinschaft vorgeschädigt ist. Auch die Schäden, die El Niño und der riesige Brand in Indonesien den Korallenriffen der Malediven in den Jahren 1998–1999 zugefügt haben, mit der Folge, dass durch die Erwärmung des Meeres auf weit über 30 °C viele Korallen abgestorben und manche Fischarten abgewandert sind, sind wohl auf lange Sicht reparabel – sofern man der Natur die Möglichkeit gibt, sich zu regenerieren.

- Die Bedrohungen, denen die Riffe weltweit ausgesetzt sind, gehen letzten Endes alle auf Einwirkungen des Menschen zurück.
- Naturkatastrophen sind für Korallenriffe nur dann eine dauerhafte Gefahr, wenn diese durch den Einfluss des Menschen bereits vorgeschädigt sind.

Beim Korallenriff sind die Schäden durch den Menschen vielfältiger Art. Neben der ständigen Ölverschmutzung durch Verladestationen, die mindestens ebenso große Auswirkungen hat wie die gelegentlichen, aber doch immer wieder auftretenden Tankerunfälle, wirkt sich an vielen Stellen der Erde die Aquakultur (Massenzucht von Fischen, Muscheln und Garnelen) schädigend auf die Riffe aus, denn nicht nur führt das Einbringen von Futter und Exkrementen in die Meere zu einer Überdüngung, sondern die in jeder Massentierhaltung unumgänglichen Pestizide gelangen irgendwann in die küstennahen Korallenbuchten. Hinzu kommen zerstörerische Fischereimethoden wie das Fischen mit Dynamit, und für manche arme Inselbevölkerung sind Fang und Export tropischer Aquarienfische die einzige Grundlage ihrer Existenz.

Korallenbleichen: Aus im Einzelnen noch nicht bekannten Gründen hat eine *Porites*-Kolonie einen Teil ihrer symbiontischen Algen ausgestoßen – der Korallenstock stirbt ab.

Besonders große Schäden entstehen durch die fortgesetzte tourismusbedingte Bautätigkeit und nachfolgend immer dichtere Besiedelung der tropischen Küstenstriche. Bau-

Aufgrund überhöhten Nährstoffeintrags (Überdüngung) überwuchern Grünalgen die riffbildenden Korallen (Aqaba, Jordanien).

maßnahmen (Hotels usw.), Küstenbebauung und die damit verbundenen Baggertätigkeiten haben immer einen erhöhten Sedimenteintrag zur Folge, der die empfindlichen Gesellschaften festsitzender Tiere schädigt. Die dichtere Besiedelung der Küstenzone durch den Menschen bringt zwangsläufig größere Abwassermengen mit sich, und als nächste Phase der regionalen Wirtschaftsentwicklung folgt in der Regel eine erweiterte Landwirtschaft mit ihrem bekannten Schadstoffeintrag in die küstennahen Gewässer. In den großen tropischen Tauchzentren ist es daher der Unterwasserfreund selbst, der indirekt als Wirtschaftsfaktor in der Tourismusbranche durch die Liebe zu den Naturschönheiten der Riffe mithilft, diese zu zerstören. Ein Ausweg aus diesem Teufelskreis lässt sich nur durch aufwendige Infrastrukturmaßnahmen finden. Allerdings geht ein Teil der Schäden direkt auf Taucher zurück. Diese ergeben sich aus dem absichtlichen (Souvenirjäger) oder ungewollten (z. B. durch unzulängliches Tarieren) Abbrechen von Korallenstücken. Entscheidend ist hierbei der Massentourismus, bei dem in diesen warmen Meeren jahraus, jahrein tausende von Sporttauchern durch bestimmte Riffgebiete geschleust werden. Viele dieser Tauchurlauber bewegen sich zum ersten Mal in dem neuen Gelände, wo es beim Blick durch den Kamerasucher beim Flossenschlag oder hinterrücks durchs Gerät immer wieder zu Beschädigungen an den brüchigen Korallenskeletten kommt. Es versteht sich von selbst, dass sich diese Gefahren für das Riff bei Nachttauchgängen erhöhen. Hier können die Schäden nur durch gründliche Einweisung der Taucher und ein Wecken des Verständnisses für das empfindliche Ökosystem minimiert werden. Ankerschäden lassen sich durch das einmalige Setzen von Ankerbojen verringern.

Schätzungen von Meeresbiologen gehen davon aus, dass 10 % der tropischen Korallenriffe unwiederbringlich zerstört sind, 30 % sich in einem so kritischen Zustand befinden, dass sie in den nächsten 1–2 Jahrzehnten zugrunde gehen. Ein weiteres Drittel ist weltweit bedroht und wird die nächsten 20–40 Jahre nicht überleben. Nur ein Drittel der Riffe befindet sich in einem gesunden, stabilen Zustand, so dass es das nächste Jahrhundert überleben wird, vorausgesetzt, die globalen Klimaveränderungen halten sich in Grenzen und die Zunahme an schädlichen Einflüssen steigt nicht weiter an.

# Taucherisches Verhalten
## Wissenswertes

# Tauchen und Umwelt

Tauchen ist eine der ruhigsten und schonendsten Sportarten, die in der freien Natur ausgeübt werden können, ähnlich dem Wasserwandern mit Kanus und Faltbooten. Im Gegensatz zur Berufsfischerei und zum Angelsport entnimmt der Taucher dem Lebensraum Wasser nichts. Verglichen mit der von Kunstdünger gepushten Landwirtschaft, öligen Bootsmotoren und dem Abfluss von Industrie und Kläranlagen bringt der Taucher auch keine nachteiligen Substanzen ins Wasser ein. Dennoch stellt der Tauchsport in gewisser Weise eine Beeinflussung der Natur unter Wasser dar, denn beim Tauchen kann der Mensch Lebensräume aufsuchen, die noch vor wenigen Jahrzehnten völlig unzugänglich waren.

Um an Binnenseen einen eventuell denkbaren negativen Einfluss so gering wie möglich zu halten, sind einige »Spielregeln« zu empfehlen:

◁ Der Taucher hier hält Abstand vom Grund, damit er diesen nicht aufwühlt und Pflanzen und festgewachsene Tiere nicht mit den Flossen beschädigt. Perfektes Tarieren in jedem Gewässer ist oberstes Gebot!

## Rücksichtsvolles Verhalten gegenüber Mensch und Natur

### Anfahrt zum Tauchplatz

Bilden Sie nach Möglichkeit mit Ihren Tauchkameraden Fahrgemeinschaften, um nur so wenige Fahrzeuge wie möglich in Gewässernähe zu bewegen. Nutzen Sie befestigte Wege und legale Parkplätze. Akzeptieren Sie an naturnahen Seen, dass die Ausrüstung vom Parkplatz aus weit getragen oder per Caddy, Fahrradanhänger oder Ähnlichem zum Wasser gebracht werden muss. Nur so bleibt das Seeufer intakt. Falls das Gewässer schon von zahlreichen anderen Tauchern belagert ist, sucht man sich einen weniger frequentierten Tauchplatz. Wo am gleichen Tag noch niemand im Wasser war, sind die besten Beobachtungen zu machen.

### Taucheinstieg

Soweit möglich, sollten bereits vorhandene Badestellen, Treppen, Stege oder ähnliche Vorrichtungen zum Einstieg genutzt werden. In naturnahen Seen erkundet man eine Einstiegsstelle, die festen Boden ohne Wasserpflanzenbewuchs bietet. Es ist am schonendsten, an einer bereits vielgebrauchten Stelle einzusteigen und dann zum eigentlichen Tauchplatz zu schnorcheln. Falls Ihre Tauchunternehmung per Boot geplant ist: Sofern die Entfernung Paddeln oder Rudern zulässt, verzichten Sie auf den Motor. Sie sehen auch über Wasser mehr von der Natur. Bitte nicht im Flachwasser neben dem Boot stehend aufrödeln; verlassen Sie das Boot fertig ausgerüstet über tiefem Wasser. »Schleichfahrten« mit Booten schonen die Schilfzonen, die Seerosenfelder und die Gelege der Wasservögel!

### Tarierung

Bringen Sie sich perfekt in Schwebe und versuchen Sie etwa einen Meter (oder mehr) über dem Grund zu schwimmen. Bei vorsichtigen Flossenschlägen wird dann kaum Sediment aufgewirbelt. Im Wasserkörper verteilte Sedimentpartikel sind der Hauptkritikpunkt am Tauchen: Bereits im Seeboden festgelegte Nährstoffe könnten zurück in die Wassersäule gebracht werden, der Laich von Fischen und Amphibien kann durch Sedimentauflagen verpilzen und darüber hinaus würde die »Mulmschicht« auf Pflanzen deren Photosynthese behindern. Viele dieser Betrachtungen sind theoretischer Natur, denn es ist zum Beispiel erwiesen, dass höhere Pflanzen übermäßige Beläge auf ihren Blättern »abkippen« können ... Wie dem auch sei, vorsichtiges Bewegen unter Wasser ist Ehrensache.

### Tauchprofil

Es ist heute schon eine Selbstverständlichkeit, dass Wasserpflanzenfelder mit einem Sicherheitsabstand von seitlich außerhalb des Pflanzenbestandes betrachtet und nicht direkt durchtaucht werden.
Weiterhin besteht die Möglichkeit, dass beim Tauchen unterhalb der Sprungschicht und langem Verharren an einer Stelle entlang der aufsteigenden Ausatemluft ein nährstofffrei-

cher Wasserstrom Richtung Oberfläche erzeugt wird. Dieser ist nur in sehr kleinen Gewässern von Bedeutung. Man kann jedoch daraus ableiten, dass es naturschonend ist, sich langsam, stetig, mit Sicherheitsabstand zum Grund und nirgends viertelstundenlang verharrend vorwärts zu bewegen.

## Tauchen oder Schnorcheln

Gerätetauchen ist an vielen Binnenseen nur mit gewissen Einschränkungen erlaubt, während das Schnorcheln juristisch dem Baden gleichsteht. Vielfach ist man der irrigen Meinung, durch ein Tauchverbot etwas für die Natur getan zu haben. Aber genau das Gegenteil ist der Fall!
Wenn man sich eine Schilfzone mit vorgelagerten Pflanzenfeldern vorstellt, so ist das Schnorcheln dann die schonendste Beobachtungsmethode, wenn der Schnorchler an der Wasseroberfläche bleibt und die Szenerie unter sich betrachtet. Sobald Schnorchler in sensiblen Seeregionen wiederholt abtauchen und ein Stück am Seegrund entlang schwimmen, setzen sie dadurch viel mehr kinetische Energie frei als ein Gerätetaucher. Dieser könnte sich – per Knopfdruck am Jacket – ohne bodenaufwirbelnde Flossenbewegungen absinken lassen und so auch wieder aufsteigen. Das ist letztlich wesentlich schonender und stiller.
Daraus ergibt sich zwingend, dass Tauchverbote Unsinn sind, solange gebadet werden darf. Soweit die eventuellen Tauchverbote akzeptiert werden, können die interessanten Seeregionen von jedermann mit Maske, Schnorchel und Flossen erkundet werden, wobei viel mehr Unruhe und Sedimentaufwirbelungen unter Wasser entstehen als durch korrekt ausgeführtes Gerätetauchen.

## Eistauchen

Das Eistauchen stellt eine besonders umstrittene Aktivität dar, da hierbei tatsächlich Fische (bei im Winter abgesenkter Stoffwechselaktivität) gestört werden und bei eventuell erheblichen Energieverlusten das Frühjahr nicht mehr erleben. Eislöcher sollten daher mit einem Minimum an Lärm gesägt und nicht geschlagen werden. Tauchaktivitäten sollten sich auf die Region unter der Eisdecke konzentrieren. Sobald in der Tiefe Winterlager von Fischen – z. B. aus dem Schlamm ragende Rückenflossen – erkannt werden, ist ein Umschwimmen in weitem Abstand einfach fair zur Natur.

Sinngemäß gelten im Meer die gleichen Regeln wie in Binnengewässern.

**Grundregeln für das Tauchen im Binnensee**
- Keine Fahrzeuge und Kompressoren direkt am Wasser.
- Abstand zu Schilf- und Wasserpflanzenzonen.
- Nichtbetauchen von erkannten Laichplätzen.
- Füttern, Tiere anfassen und harpunieren sind out.
- Größtmögliche Ruhe am und im Wasser.
- Keinen Müll verursachen oder alles wieder mitnehmen.

**Grundregeln für das Tauchen im Meer**
- Nicht in Korallen- oder bewachsenem Felsgrund ankern.
- Bei mehrmaligem Aufsuchen des gleichen Gebietes Ankerboje setzen.
- Keine Korallen abbrechen oder andere lebende »Andenken« mitnehmen.
- Keine Wrackteile demontieren.
- Keine tropischen Schneckengehäuse, Korallen oder ähnliche Souvenirs kaufen, denn auch diese sind irgendwo ihrem Lebensraum entnommen.

Wenn andere Taucher sich unbedacht verhalten oder aus Unwissen die Regeln ignorieren, diese in ruhiger und vernünftiger Form auf die Folgen ihres Tuns hinweisen.

## Unterwasserfotografie

Fotografen sollten ihren Motiven möglichst ebenfalls schwebend nachspüren. In der Realität ist das nicht immer möglich, insbesondere bei Makroaufnahmen. Deshalb werden mehrere Möglichkeiten vorgeschlagen, mit möglichst geringer Beeinträchtigung des Lebensraumes einen motivnahen Standpunkt zu erreichen:

1. Der Fotograf kann sich, weitgehend schwebend austariert, mit einer Hand an unbewachsenen Stellen von Steinen oder versunkenen Althölzern festhalten und nach seinen Aufnahmen wieder ohne Flossengebrauch ins Freiwasser abstoßen.

2. Fotografen können – relativ starre Flossenblätter vorausgesetzt – absinken und sich so auf die Flossenspitzen stellen, dass die

Länge des Flossenblattes den Abstand zum Grund garantiert und der Körper schwebend austariert parallel zum Grund verharrt wie ein alter Hecht. Mit dieser »hinteren Verankerung« stützt man sich nur auf einer winzig kleinen Grundfläche ab. Aus dieser Position darf allerdings nicht einfach losgeschwommen werden; der Fotograf muss sich ohne Flossenbewegung mit Hilfe des Tarierjackets nach oben »hinwegheben«.

3. Häufig bewegen sich Fotografen näher am Grund als andere Naturbetrachter, wenn sie nach kleinen Fotomotiven suchen. Dann ist es Ehrensache, seitliche, parallel zum Grund gerichtete Flossenbewegungen langsam und vorsichtig auszuführen.

Trotz der schweren Ausrüstung ist die Unterwasserfotografin vorbildlich austariert.

# Prüfen Sie Ihr Wissen

## Allgemeines Wissen über die Biologie unter Wasser

Für einen Sporttaucher sind bestimmte biologische Grundbegriffe und Verhaltensweisen unter Wasser elementar:

- Ökologie ist die Wissenschaft vom Beziehungsgefüge der Lebewesen untereinander in ihrem Lebensraum.
- Ökosystem ist die Gesamtheit der Lebewesen in einem *bestimmten* Lebensraum (Biotop) mit allen ihren gegenseitigen Abhängigkeiten (z. B. Korallenriff). Ökosysteme haben sich über Jahrmillionen als relativ beständige Lebensgemeinschaften herausgebildet. Sie sind nie starr, sondern befinden sich in einem Fließgleichgewicht. Die Grenzen zu einem benachbarten, andersartigen Ökosystem sind oft unscharf. Füttern wild lebender Tiere bedeutet eine Störung des Ökosystems und des wechselseitigen Gefüges innerhalb der Nahrungskette.
- Ein wesentlicher Unterschied des aquatischen Lebensraumes zum Lebensraum auf dem Land sind neben der unterschiedlichen Verteilung des Sauerstoffs die besonders im marinen Küstenbereich festsitzenden Tiere, die sich in ihrer Vielfalt von im Wasser treibenden Kleinstlebewesen (Mikroplankton) ernähren. Diese dichte Lebensgemeinschaft vielfältigster Tiergruppen stellt zusammen mit den Pflanzen den sog. »Bewuchs« dar.
- Tiere sind von Natur aus nicht »böse«. Sie greifen daher den Menschen nie aus Bösartigkeit an, sondern immer aus Angst und zur eigenen Verteidigung.
- Gefahren, die von Tieren ausgehen, sind immer auf Unkenntnis des Menschen zurückzuführen. Sie können verschiedener Art sein. Hierzu gehören Angriffe von sehr großen Raubtieren (äußerst selten), Nesselgifte von Medusen und bestimmten Korallen sowie Giftstacheln bestimmter Fische. Während die Nesselgifte der meisten Medusen und einiger Polypen im Allgemeinen nur unangenehm sind, kann das Nesselgift der Würfelquallen in manchen tropischen Meeren tödlich sein. Der Tauchanzug bietet hiergegen jedoch einen guten Schutz. Auch die Giftstacheln mancher Fische können bei einzelnen, allergisch reagierenden

Menschen lebensgefährlich sein. Man kann sich im Allgemeinen vor derartigen Gefahren schützen, indem man vor allem unbekannte Lebewesen grundsätzlich nicht berührt. Auch sollte man nicht in dunkle Nischen greifen oder sich an zerklüfteten Felsen festhalten.

• Das Beste für den aquatischen Lebensraum wäre, wenn der Mensch sich fern hielte. Wollen wir trotzdem in diese Wunderwelt eindringen, sollten wir es mit der gebotenen Achtung tun und mit größter Vorsicht, um nicht zu stören. Hierzu gehört:
  – Neutral tariert sein,
  – horizontale Position,
  – guter Abstand zum Grund,
  – Flossenbewegungen auf ein Minimum beschränken,
  – nicht an bewachsenen oder lebenden Strukturen festhalten,
  – herumhängende Ausrüstungsteile sichern und
  – ohne das Hinterlassen von Spuren und Resten auftauchen.

## Süßwasserbiologie: Fragen zur Selbstkontrolle

1. Wie funktionieren Stoffkreislauf und Nahrungskette im See, welche besondere Bedeutung haben pflanzliche Organismen?
2. Beschreiben Sie den Weg des Wassers im Binnenland! Wie verändern sich die Lebensbedingungen im Wasser vom Gebirgsbach zum Tieflandgewässer?
3. Wie unterscheiden sich Seen und Weiher?
4. Woran erkennt man nährstoffarme und nährstoffreiche Seen?
5. Wie gliedert sich ein See? Welche Zone halten Sie für die interessanteste Seeregion?
6. Beschreiben Sie den Jahresgang der Wassertemperatur im See! Wie beeinflusst das Geschehen die Sichtweite im Wasser?
7. Welche Pflanzenzonierung kennen Sie von Seeufern?
8. Welche Umwelteinflüsse verändern diese Pflanzenzonierung?
9. Welche fischereilichen Haupttypen von Seen kennen Sie? Welche Seen versprechen attraktive Beobachtungsmöglichkeiten?
10. Was stellen Sie sich unter »sessilen« Filtrierern vor? Welche Tierarten filtrieren?
11. Totes Material sedimentiert zum Seeboden, wo es von Reduzenten erwartet wird. Was geschieht damit, was sind Reduzenten?
12. Warum finden wir auch in klaren Seen Blütenpflanzen kaum tiefer als in 10 Metern?
13. Welche höheren Wasserpflanzen sind am häufigsten?
14. Was sind »Butterkrebse«? Welche Rolle spielen Krebstiere im See?
15. Was unterscheidet echte Wasserinsekten von aquatisch lebenden Insektenlarven?
16. Was unterscheidet *piscivore* und *planktivore* Fische? Kennen Sie von Ihren Tauchgängen die Vorzugslebensräume von Beispielarten?
17. Wie können Sie Ihren Tauchgang so naturschonend wie möglich gestalten?

# Meeresbiologie:
## Fragen zur Selbstkontrolle

1. Wovon hängt das Vorkommen der verschiedenen Lebewesen ab?
2. Was versteht man unter Tiefsee und demnach unter Tiefsee-Tauchen?
3. Was gehört alles zum Plankton und was nicht?
4. Wo lebt das Plankton?
5. Was versteht man unter einer ökologischen Nische?
6. Was ist beim Tauchen in Gezeitengebieten unbedingt zu beachten?
7. Wo erhält man zuverlässige Auskunft über die örtlichen Gezeiten?
8. Was versteht man unter dem Begriff »Bewuchs«?
9. Vor welchen Nesseltieren müssen Sie sich in Acht nehmen?
10. Welche Nesseltiere sind wirklich gefährlich und wo kommen diese vor?
11. Welche Erste-Hilfe-Maßnahmen sind durchzuführen, um eine Nesselgiftauswirkung zu lindern?
12. Vor welchen Fischen müssen Sie sich in Acht nehmen?
13. Mit welchen Tieren, die für den Taucher unangenehm oder sogar gefährlich werden können, muss man an einem unbekannten tropischen Strand grundsätzlich rechnen?
14. Wie muss sich der Taucher unter Wasser verhalten, dass er die Lebensgemeinschaften von Tieren und Pflanzen nicht stört?
15. Warum sollen Taucher Fische nicht anfüttern?
16. Warum soll sich ein Taucher beim Beobachten von Tieren nicht an großen Korallenstöcken festhalten?

# Glossar

**Abdomen**  Hinterleib.

**abiotisch**  Nicht durch Lebewesen, sondern durch physikalische Faktoren (Temperatur, Strömung, Untergrund) bedingt.

**adult**  Ausgewachsen, fortpflanzungsfähig.

**amphibisch**  Land- und wasserbewohnend.

**anadrome (Wanderfische)**  Im Meer lebende, zum Laichen jedoch ins Süßwasser wandernde Fischarten.

**Anschlussort**  Küstenort, für den die Gezeiten aus den Gezeitentabellen nach den Angaben für die Bezugsorte errechnet werden können.

**Ästuar**  Flussmündung ins Meer, die zwangsläufig Brackwasser führt.

**Badeschwamm**  *Spongia officinals,* weit verbreitete Schwammart; genutzt wird das von lebenden Zellen befreite hornige Schwammskelett.

**Benthal**  Allgemeine Bodenzone von Seen, Lebensraum des Meeresgrundes.

**Bewuchs**  Gesamtheit der festsitzenden Tiere und Pflanzen auf einem Hartsubstrat.

**Bezugsort**  Küstenort, für den in den Gezeitentabellen genaue Werte vorliegen.

**Biomasse**  Gesamtheit der Lebewesen, unabhängig von Anzahl und Arten, meistens in Gewichtseinheiten ausgedrückt.

**biotisch**  Durch andere Lebewesen bedingt (Feinde, Konkurrenz, Nahrung).

**Biotop**  Lebensraum.

**Chitin**  Hochmolekulare, der Zellulose ähnliche Substanz von außerordentlich großer Zug- und Druckfestigkeit, niedrigem spezifischem Gewicht und großer chemischer Widerstandsfähigkeit, wichtigster Bestandteil des Außenskeletts bei Insekten und Krebsen; kann durch Kalkeinlagerung sehr verfestigt werden.

**Chlorophyll**  Grüne komplizierte chemische Verbindung, mit der die Pflanzen anorganische Stoffe, d. h. Stoffe der unbelebten Natur (z. B. Salze) und dem Kohlendioxid aus der Luft unter Ausnutzung von Lichtenergie in körpereigene, organische Stoffe, vorwiegend Kohlenstoffverbindungen, umwandelt.

**Chloroplasten**  Auch Plastiden; pflanzliche Zellorganellen mit Chlorophyll, dem grünen Pflanzenfarbstoff.

**Detritus**  Feinste organische Partikel von bereits wieder zerfallenen Pflanzen und Tieren; Herkunft nicht mehr exakt bestimmbar.

**Drestuent**  Organismen, die organische Substanzen abbauen.

**dystroph** Nährstoffarm mit geringem Kalk- und hohem Humusgehalt.

**Ebbe** Ablaufendes Wasser von einem Hochwasser (HW) bis zum folgenden Niedrigwasser (NW).

**Epidermis** Oberhaut bzw. Abschlussgewebe.

**Epilimnion** Warme Oberflächenschicht des Wassers von Seen während der Sommerstagnation.

**Eulitoral** Durch die Gezeiten regelmäßig überflutete und wieder trockenfallende Küstenzone.

**eutroph** Nährstoffreich.

**Filtrierer** Tiere, die Wasser einstrudeln und die darin enthaltenen organischen Schwebstoffe oder Kleinstlebewesen abfangen und sich davon ernähren.

**Flut** Steigen des Wassers von einem Niedrigwasser bis zum folgenden Hochwasser.

**Gezeit** Verlauf des Steigens des Wassers vom niedrigsten Stand bis zum Höchststand und anschließendes Fallen bis zum Tiefststand.

**Gezeitenhub** Rechnerischer Mittelwert zwischen dem Ansteigen und Fallen des Meeresspiegels; er gibt vereinfacht gesagt den Unterschied zwischen Höchst- und Tiefststand an. Der Gezeitenhub ändert sich von Gezeit zu Gezeit.

**Gezeitenstrom** Im Rhythmus der Gezeiten erfolgende Wasserströmung mit wechselnder Richtung.

**Gezeitentabelle** Für jeweils ein Kalenderjahr erscheinende Übersicht der Gezeiten für bestimmte Küstenorte.

**Hartboden** Anstehender Felsgrund.

**Hartboden, sekundärer** Aus Muschelschalen und anderen Hartsubstanzen tierischer und pflanzlicher Herkunft verbackener Meeresgrund.

**Helokrenen** Sicherstellen.

**Helophyten** Sumpfpflanzen.

**herbivor** Pflanzliches Material fressend.

**Hochwasser (HW)** Höchster Wasserstand einer Gezeit beim Übergang vom Steigen zum Fallen.

**Hohltier** Tiergruppe von einfachem Körperbau, bei dem ein einfacher Hautmuskelschlauch einen hohlen Darmraum umschließt; gemeinsame Mund/Afteröffnung, einfachstes Nervennetz; viele besitzen Nesselzellen, z. B. Korallen und Quallen.

**Hydrophyten** Wasserpflanzen.

**Hypolimnion** Kaltes Tiefenwasser von Seen, etwa 4 °C warm.

**Imago** Erwachsenes Vollinsekt.

**Interstitial, hyporheisches** Von langsam fließendem Porenwasser gefüllter Raum im Untergrund von Fließgewässern; zwischen Sand, Kies oder Geröll.

**jellyfish alert** → Quallen-Alarm.

**Kalkalgen** Algen, die durch Einlagerung von Kalk steinharte Krusten bilden können.

**kaltstenotherm** Kaltes Wasser bevorzugend.

**Kenterpunkt** Umkehrpunkt des Gezeitenstroms (Richtungswechsel).

**Kiemen** Atmungsorgane wasserlebender Tiere, die den im Wasser gelösten Sauerstoff aufnehmen, und Kohlendioxid, aber auch aus der Verdauung stammenden Stickstoff abgeben.

**Knochenfisch** Fisch mit knöchernem Innenskelett.

**Knorpelfisch** Fisch mit knorpligem Innenskelett.

**Kolonie** Durch ungeschlechtliche Vermehrung (z. B. Knospung) entstandener, stockartig zusammenhängender Verband von Individuen mit oft gemeinsamen Organen.

**Kompensationsebene** Grenze zwischen lichtdurchfluteter Oberflächenschicht von Seen (mit Pflanzenwuchs) und lichtarmem Tiefenwasser (Lebensraum der Destruenten).

**Kontinentalsockel** Festlandsockel rund um die Kontinente, über dem sich die sog. Schelfmeere befinden.

**konvergente Tiere** Äußerlich ähnliche, aber nicht näher verwandte Lebewesen, z. B. Hai und Delphin.

**Kopffüßer** (= Tintenfische) Hoch organisierte Weichtiere, z. B. Kalmar und Krake.

**Larve** Vorübergehendes, vom geschlechtsreifen Tier oft stark abweichendes (maskiertes, daher Larve!) Entwicklungsstadium, das als eigenständiger Lebensformtyp z. B. einer Tierart einen zusätzlichen Lebensraum erschließt, andere Nahrungsquellen zugänglich macht oder bei festsitzenden Tieren eine weitreichende Verbreitungsmöglichkeit erlaubt.

**Ligament** Elastisches Band, das bei Muscheln die beiden Schalen zusammenhält.

**Limnokrenen** Tümpelquellen.

**Limnologe** Auf Binnengewässer spezialisierter Wissenschaftler.

**Litoral** Uferzone mit gut belichtetem, pflanzenreichem Seeboden.

**Litoralzonen** Durch bestimmte Tiere oder Pflanzen charakterisierte Zone entlang einer Küste.

**Mäander** Natürlich entstandene S-kurvenförmige Flussschlingen.

**Madreporenplatte** Kalkige, feine Siebplatte, die bei Stachelhäutern eine Art Druckausgleich zur äußeren Umgebung ermöglicht.

**Makrophyten** Wörtlich »große Pflanzen«; Begriff wird meist zusammenfassend für höhere Wasserpflanzen verwendet.

**mesotroph** Mittelmäßig nährstoffreich.

**Metalimnion** Sprungschicht zwischen Epi- und Hypolimnion.

**Mikrokosmos** Eine in sich weitgehend abgegrenzte Welt kleiner Lebewesen.

**Moostierchen** *Bryozoa,* koloniebildende Tiergruppe, oft aus abertausenden mikroskopisch kleinen Einzeltieren, die schleimig, krustenförmig oder bäumchenartig verzweigt sein können; sie stellen einen wichtigen Teil des Bewuchses auf primären und sekundären Hartsubstraten dar, überwiegend marin, wenige Arten im Süßwasser.

**Muschelschale** Paarweise angelegtes Weichtiergehäuse aus rechter und linker Schale.

**Mutation** Spontan auftretende oder künstlich erzeugte erbliche Änderungen der Erbsubstanz.

**Nahrungskette** Stofftransport in einem Ökosystem bedingt durch Fressen und von Organismen oder deren Ausscheidungen.

**Nekton** Tiere, die sich aktiv im freien Wasser fortbewegen.

**Nesselgift** Gifte der Feuerkorallen, Federpolypen und verschiedener Medusen; es handelt sich um hoch molekulare Proteine, chemisch hoch komplizierte Eiweißsubstanzen: a) als Cytolysine, die die Zellmembran teilweise durchlässig machen und dadurch das osmotische Gleichgewicht stören; rote Blutkörperchen können platzen, Unerregbarkeit des Herzmuskels kann zum Herzstillstand führen; b) Neurotoxine, die zu Muskelkrämpfen führen können.

**Niedrigwasser (NW)**   Niedrigster Wasserstand zwischen zwei aufeinanderfolgenden Gezeiten beim Übergang vom Fallen zum Steigen.

**Nippzeit**   Zeit kleinster Gezeitenunterschiede, d. h. niedriges Hochwasser und hohes Niedrigwasser (2 Tage vor bis 2 Tage nach Halbmond).

**Ökologie**   Wissenschaft von den Beziehungen der Lebewesen zu ihrem Lebensraum.

**ökologisch**   Lebensraumbezogen, umweltbezogen.

**Ökosystem**   Gesamtheit der Lebewesen, die in einem bestimmten Lebensraum durch Wechselwirkungen wie z. B. Räuber-Beute-Beziehungen in einem gegenseitigen Abhängigkeitsverhältnis stehen.

**oligotroph**   Nährstoffarm.

**Organismen**   Sammelbegriff für Tiere und Pflanzen.

**Pelagial**   Freiwasserzone von Seen.

**Perle**   Mehr oder weniger regelmäßige Abscheidung des Mantelgewebes einer Muschel um einen Fremdkörper.

**Pferdeschwamm**   *Hippospongia communis,* eine Schwammart, die zwischen ihre lebenden Zellen Sandkörner und Muschel-

teilchen einlagert und dadurch als Badeschwamm nicht geeignet ist.

**Photosynthese**   In Pflanzen stattfindender chemischer Prozess, bei dem mit Hilfe von Lichtenergie anorganische Stoffe in körpereigene (organische) Stoffe umgewandelt werden.

**Phytal**   Submarine Zone eines meist dichten Pflanzenbestandes.

**Phytoplankton**   Im Freiwasser schwebend lebende Algen.

**piscivor**   Fische fressend

**planktisch**   Dem Plankton angehörend.

**planktivor**   Zoo- und/oder Phytoplankton fressend.

**Plankton**   Lebewesen, die im freien Wasser verdriftet werden; ihre Eigenbewegung ist unbedeutend.

**Plattfisch**   Sammelbezeichnung für viele Arten von asymmetrischen, abgeplatteten Grundfischen.

**polytroph**   Nährstoffübersättigt.

**Profundal**   Lichtarmer, tief gelegener Seeboden ohne Pflanzenwuchs.

**Quallen-Alarm**   Warnung vor den lebensbedrohenden Würfelquallen, die an einigen Küsten Australiens ausgegeben werden.

**Reduzenten**   Mineralisierende Mikroorganismen.

**Rheokrenen**   Sturzquellen.

**Rhizophyll**   Als Wurzel dienender Blattteil bei Schwimmblattpflanzen, insbesondere bei Schwimmfarn.

**Schelfmeer**   Meer über dem Festlandsockel bis ca. 200 m tief.

**Schneckenschale** Meist schraubig gewundenes Gehäuse.

**Sedentarier** Festsitzende Tiere.

**Seegras** Grasähnliche, mit den Laichkrautgewächsen verwandte Blütenpflanze, die unter Wasser dichte Bestände bilden kann; mehrere Arten.

**Seepferdchen** Kleine, nicht seltene Knochenfische im Küstenbereich.

**sessil** Festsitzend.

**Sipho, Siphonen (pl.)** Rüsselartige Ausstülpungen, u. a. bei eingegrabenen Muscheln, die einen Ein- und Ausströmkanal enthalten.

**Springflut** Springtide, → Springzeit.

**Springzeit** Zeit größter Gezeitenunterschiede, d. h. hohes Hochwasser und niedriges Niedrigwasser (2 Tage vor bis 2 Tage nach Halbmond).

**Springzeitverspätung** Konstante, aus geografischen Gründen erfolgende Verschiebung der Gezeiten.

**Spritzwasserlinie** Linie, die an einer Küste, die gerade noch dem direkten Seewasser ausgesetzt ist.

**Stillwasser** Dauer der Umkehr des Gezeitenstroms zwischen Ebbe und Flut, Stillstand; gilt auch für stehende Gewässer bzw. strömungslose Gumpen in Flüssen.

**Stromumkehr** Bei Hoch- und Niedrigwasser umkehrender Gezeitenstrom.

**Sublitoral** Ständig, d. h. auch bei Niedrigwasser, überflutete Zone im Küstenbereich; die Grenze nach unten wird durch den Kontinentalsockel bestimmt.

**submers** Völlig untergetaucht lebend.

**Substrat** Untergrund.

**Supralitoral** Küstenbereich, der zwar nicht direkt vom Seewasser erreicht wird, jedoch dem indirekten Einfluss der Meeresnähe ausgesetzt ist.

**Tide** Gezeit.

**Tiefsee** Meer jenseits des Festlandsockels, ab ca. 200 m bis maximal ca. 11 000 m.

**Tierstock** → Kolonie.

**Tintenfische** → Kopffüßer.

**trophogene Zone** Oberer, durchlichteter Bereich eines Sees.

**tropholytische Zone** Unterer, lichtarmer Bereich eines Sees.

**Trottoir** An Steilküsten z. B. im Mittelmeer typische, aus Kalkalgen gebildete Vorsprünge und Simse im Gezeitenbereich.

**Utrikel** Fangblase von »fleischfressenden« Pflanzen, z. B. am Wasserschlauch.

**Watt, Wattenmeer** Flachmeere, meistens mit Sand oder Schlickgründen, die bei Niedrigwasser trockenfallen.

**Weichböden** Meeresböden aus Sanden und Schlicken.

**Zooplankton** Im Freiwasser schwebend lebende Kleintiere, überwiegend Kleinkrebse.

**Zwitter** Tiere, die sowohl männliche als auch weibliche Geschlechtsorgane besitzen; bei der Fortpflanzung kann ein Individuum einen Artgenossen befruchten oder die eigenen Eizellen können von einem Partner gleicher Art befruchtet werden. Eireife und Samenreife sind meistens zeitlich getrennt, so dass Selbstbefruchtung verhindert wird; viele Würmer, Schnecken, manche Fische.

# Zehn goldene Verhaltensregeln für Sporttaucher

## 1
Sporttaucher benutzen Parkplätze und vorhandene Einstiege ins Gewässer!

## 2
Sporttaucher dringen nicht in Schilf- und Wasserpflanzenbestände ein!

## 3
Sporttaucher bleiben den Nist-, Laich- und Ruheplätzen fern!

## 4
Sporttaucher achten auf einen ausreichenden Abstand zum Gewässergrund und wirbeln kein Sediment auf!

## 5
Sporttaucher berühren und füttern keine wildlebenden Tiere!

## 6
Sporttaucher harpunieren nicht; sie kaufen und sammeln keine Tiersouvenirs!

## 7
Sporttaucher beobachten kritisch ihren See und halten die Tauchgewässer und ihre Uferzonen sauber!

## 8
Sporttaucher befolgen die Arten- und Naturschutzbestimmungen!

## 9
Sporttaucher lassen ihren Kompressor nur dort laufen, wo er niemanden stört!

## 10
Sporttaucher halten ihre Kameraden an, sich ebenfalls umweltbewusst zu verhalten!

# Denn Sporttaucher sind fair zur Natur

Abdruck mit freundlicher Genehmigung des VDST

# Die Unterwasserwelt entdecken

Patrick Mioulane/
Raymond Sahuquet
**Neue Tauchparadiese**
Der Tauchbildband der Super-
lative: die Top-Ziele in den Ge-
bieten Mittelmeer, Rotes Meer,
Indischer Ozean, Indopazifik,
Pazifik, Karibik und Atlantik;
praktische Reisetipps zu jedem
Ziel: Lage, beste Reisezeit, Be-
sonderheiten der Unterwasser-
welt, Unterkunft, Tauchbasen usw.

Dieter Eichler
**Tropische Meerestiere**
Fische, Schwämme, Quallen,
Korallen, Schnecken, Muscheln,
Krebstiere, Seeigel, Seesterne:
Erkennungsmerkmale, Vorkom-
men, Lebensweise, Nahrung,
Fortpflanzung.

Petra Lachmann/
Otto Gremblewski-Strate
**Fische der Karibik**
Entdeckungsreise unter Wasser:
die häufigsten, auffälligsten
oder im Verhalten interessantesten Fische der Karibik – rund
190 Arten im Farbfoto mit Merkmalen, Verhalten, Biologie und
Verwechslungsmöglichkeiten.

Dieter Eichler
**Gefährliche Meeres-
tiere erkennen**
Giftige und gefährliche
Meerestiere bestimmen,
ihr Verhalten kennen
und angemessen rea-
gieren: Merkmale und
Biologie der Arten, Ver-
breitung, Gefahren,
richtiges Verhalten,
erste Hilfe.

Helmut Schuhmacher/
Johann Hinterkircher
**Niedere Meerestiere**
Die Tiere des Korallenriffs:
über 500 Arten mit Farbfotos,
Merkmalen, Verbreitung,
Lebensraum und Biologie.

Bent J. Muus/Preben Dahlström
**Süßwasserfische**
Merkmale, Lebensweise,
Vorkommen, Zucht und wirt-
schaftliche Bedeutung der
Süßwasserfische Europas.

Kai-Uwe Roos
**Traumziele für Taucher**
Tauchen, wo es am schönsten
ist: unberührte Paradiese mit
ihrer aufregend schönen Unterwasserwelt entdecken – mit
Praxistipps zu Reiseplanung,
Anreise, Sehenswertem, Unterwasserfotografie und mehr.

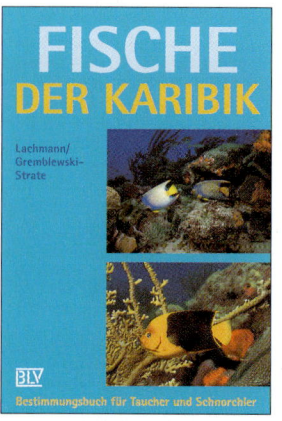